46亿年
地　球

日本朝日新闻出版　著

曹艺　牛莹莹　苏萍　译

冥古宙
太古宙

人民文学出版社
PEOPLE'S LITERATURE PUBLISHING HOUSE

冯伟民先生是南京古生物博物馆的馆长，是国内顶尖的古生物学专家。此次出版"46亿年的奇迹：地球简史"丛书，特邀冯先生及其团队把关，严格审核书中的科学知识，并作此篇导读。

"46亿年的奇迹：地球简史"是一套以地球演变为背景，史诗般展现生命演化场景的丛书。该丛书由50个主题组成，编为13个分册，构成一个相对完整的知识体系。该丛书包罗万象，涉及地质学、古生物学、天文学、演化生物学、地理学等领域的各种知识，其内容之丰富、描述之细致、栏目之多样、图片之精美，在已出版的地球与生命史相关主题的图书中是颇为罕见的，具有里程碑式的意义。

"46亿年的奇迹：地球简史"丛书详细描述了太阳系的形成和地球诞生以来无机界与有机界、自然与生命的重大事件和诸多演化现象。内容涉及太阳形成、月球诞生、海洋与陆地的出现、磁场、大氧化事件、早期冰期、臭氧层、超级大陆、地球冻结与复活、礁形成、冈瓦纳古陆、巨神海消失、早期森林、冈瓦纳冰川、泛大陆形成、超级地幔柱和大洋缺氧等地球演变的重要事件，充分展示了地球历史中宏伟壮丽的环境演变场景，及其对生命演化的巨大推动作用。

除此之外，这套丛书更是浓墨重彩地叙述了生命的诞生、光合作用、与氧气相遇的生命、真核生物、生物多细胞、埃迪卡拉动物群、寒武纪大爆发、眼睛的形成、最早的捕食者奇虾、三叶虫、脊椎与脑的形成、奥陶纪生物多样化、鹦鹉螺类生物的繁荣、无颌类登场、奥陶纪末大灭绝、广翅鲎的繁荣、植物登上陆地、菊石登场、盾皮鱼的崛起、无颌类的繁荣、肉鳍类的诞生、鱼类迁入淡水、泥盆纪晚期生物大灭绝、四足动物的出现、动物登陆、羊膜动物的诞生、昆虫进化出翅膀与变态的模式、单孔类的诞生、鲨鱼的繁盛等生命演化事件。这还仅仅是丛书中截止到古生代的内容。由此可见全书知识内容之丰富和精彩。

每本书的栏目形式多样，以《地球史导航》为主线，辅以《地球博物志》《世界遗产长廊》《地球之谜》和《长知识！地球史问答》。在《地球史导航》中，还设置了一系列次级栏目：如《科学笔记》注释专业词汇；《近距直击》回答文中相关内容的关键疑问；《原理揭秘》图文并茂地揭示某一生物或事件的原理；《新闻聚焦》报道一些重大的但有待进一步确认的发现，如波兰科学家发现的四足动物脚印；《杰出人物》介绍著名科学家的相关贡献。《地球博物志》描述各种各样的化石遗痕；《世界遗产长廊》介绍一些世界各地的著名景点；《地球之谜》揭示地球上发生的一些未解之谜；《长知识！地球史问答》给出了关于生命问题的趣味解说。全书还设置了一位卡通形象的科学家引导阅读，同时插入大量精美的图片，来配合文字解说，帮助读者对文中内容有更好的理解与感悟。

　　因此，这是一套知识浩瀚的丛书，上至天文，下至地理，从太阳系形成一直叙述到当今地球，并沿着地质演变的时间线，形象生动地描述了不同演化历史阶段的各种生命现象，演绎了自然与生命相互影响、协同演化的恢宏历史，还揭示了生命史上一系列的大灭绝事件。

　　科学在不断发展，人类对地球的探索也不会止步，因此在本书中文版出版之际，一些最新的古生物科学发现，如我国的清江生物群和对古昆虫的一系列新发现，还未能列入到书中进行介绍。尽管这样，这套通俗而又全面的地球生命史丛书仍是现有同类书中的翘楚。本丛书图文并茂，对于青少年朋友来说是一套难得的地球生命知识的启蒙读物，可以很好地引导公众了解真实的地球演变与生命演化，同时对国内学界的专业人士也有相当的借鉴和参考作用。

冯伟民

2020 年 5 月

冥古宙
46亿年前
—40亿年前

太阳和地球的起源
巨大撞击与月球诞生
生命母亲：海洋的诞生

太古宙
40亿年前
—25亿年前

生命的诞生
磁场的形成和光合作用

元古宙
25亿年前
—5亿4100万年前

大氧化事件
最古老的超级大陆努纳
冰雪世界 雪球假说

古生代
5亿4100万年前
—2亿5217万
年前

生物大进化 寒武纪大爆发
三叶虫的出现
鹦鹉螺类生物的繁荣
地球最初的大灭绝
巨神海的消失
鱼的时代
生物的目标场所：陆地
陆地生活的开始
巨型植物造就的"森林"
昆虫的出现
超级大陆：泛大陆的诞生
史上最大的物种大灭绝

中生代
2亿5217万年前
—6600万年前

恐龙出现
哺乳动物登场
恐龙繁荣
海洋中的爬行动物与翼龙
大西洋诞生
从恐龙到鸟
大地上开出的第一朵花
菊石与海洋生态系统
海洋巨变
霸王龙
巨大肉食恐龙繁荣
小行星撞击地球与恐龙灭绝

新生代
6600万年前
至今

哺乳动物的时代
大岩石圈崩塌
喜马拉雅山脉形成
南极大陆孤立
灵长类动物进化
现存动物的祖先们
干燥的世界
南方古猿登场
冰河时代到来
直立人登场
智人登场
猛犸的时代
冰河时代结束
古代文明产生
现在的地球

地球与宇宙的未来
矿藏与人类
地球上的能源

显 生 宙

CONTENTS
目录

CONTENTS
目录

太阳和地球的起源

46 亿年前—45 亿年前

［冥古宙］

冥古宙是指 46 亿年前—40 亿年前的
时代。地球在这个时代诞生，并形成了
地壳、海洋等基本构造。这一时期基本
上没有留下什么地质学上的证据，因此
至今仍有很多未解之谜。

第 3 页　　图片 / 美国国家航空航天局 / 太阳动力学天文台

第 4 页　　图片 /B.A.E. 公司 / 阿拉米图库

第 7 页　　插画 / 月本佳代美

第 9 页　　插画 / 斋藤志乃

第 11 页　图片 /PPS

第 12 页　图片 /J 马歇尔 - 特里贝耶 / 阿拉米图库

　　　　　图片 / 美国国家航空航天局，欧洲航天局，J. 赫斯特和 A. 洛尔（亚利桑那州立大学）

　　　　　图片 / 庆应义塾大学 / 日本国立天文台

第 13 页　图片 / 美国国家航空航天局，欧洲航天局，M. 利维奥和哈勃 20 周年纪念团队（太空望远镜科学研究所）

　　　　　图片 /PPS

第 14 页　图片 / 凯西·里德

　　　　　插画 / 加藤爱一

　　　　　本页其他图片均由 PPS 提供

第 15 页　图片 / 美国国家航空航天局，欧洲航天局，N. 史密斯（加州大学伯克利分校）等，哈勃 20 周年纪念团队（太空望远镜科学研究所 / 天文学研究大学协会）

第 16 页　图片 /PPS

第 17 页　图片 / 日本宇宙航空研究开发机构

　　　　　图片 / 京都大学物理系理论天体物理研究室

第 18 页　插画 / 斋藤志乃

　　　　　图片 / 阿玛纳图片社

　　　　　图片 / 美国航空航天局哥达德太空飞行中心

第 19 页　图片 /Aflo

第 20 页　插画 / 斋藤志乃

　　　　　图片 /RGB 投资公司 / 阿拉米图库

第 21 页　插画 / 斋藤志乃

　　　　　图片 / 日本国立天文台

第 23 页　图片 / 太阳系 / 阿拉米图库

第 24 页　图片 / 美国国家航空航天局 / 喷气推进实验室 / 太空科学研究所

　　　　　图片 / 美国国家航空航天局 / 喷气推进实验室 - 加州理工学院 / 马林太空科学系统

　　　　　图片 /PPS

　　　　　图片 /M. 肖沃尔特

第 25 页　插画 / 真壁晓夫

　　　　　图片 / 美国国家航空航天局 / 喷气推进实验室

第 26 页　插画 / 斋藤志乃

　　　　　图片 /PPS

　　　　　图片 / 美国国家航空航天局，欧洲航天局，H. 韦瑟（约翰霍普金斯大学 / 应用物理实验室），A. 斯特恩（空间气象研究实验室），哈勃太空望远镜冥王星伴星搜寻团队

　　　　　本页其他插画均由加藤爱一绘制

第 28 页　图片 / 日本蒲郡市生命之海科学馆、日本蒲郡市生命之海科学馆

　　　　　图片 / 朝日新闻社

　　　　　图片 /PPS、PPS

　　　　　图片 / 川上绅一

第 29 页　图片 / 安纳托利亚文明博物馆

　　　　　图片 / 斯蒂芬·雷夫 /www.sr-meteorites.de

　　　　　本页其他图片均由 PPS 提供

第 30 页　插画 / 斋藤志乃

第 31 页　图片 /Aflo

第 32 页　图片 /PPS

第 33 页　图片 /PPS、PPS

　　　　　图片 /Aflo

第 34 页　图片 / 奈杰尔·夏普（美国国家科学基金会），傅立叶变换光谱仪，美国国家太阳天文台，基特峰国家天文台，天文学研究大学协会，美国国家科学基金会

　　　　　插画 / 斋藤志乃

　　　　　图片 / 美国国家航空航天局 / 喷气推进实验室 - 加州理工学院

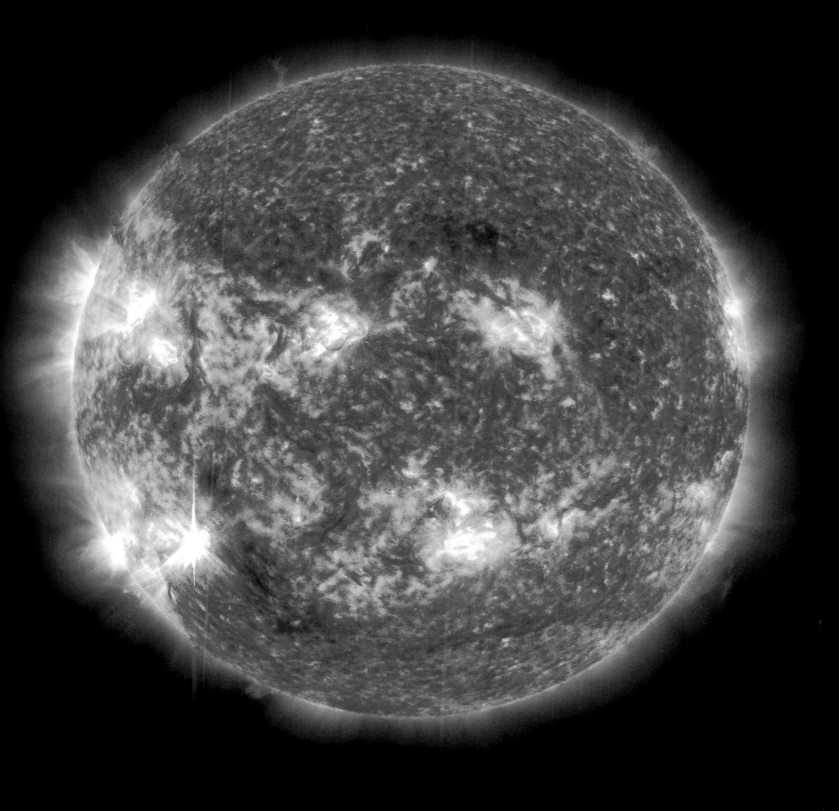

—顾问寄语—

东京工业大学教授　井田　茂

科学研究表明，银河系当中，有着无数拥有海洋的行星。

这些多姿多彩的行星尽管形成过程相似，模样也相仿，

日后却因种种偶然因素的叠加累积，其命运大相径庭。

我们的地球，就是这些行星中的一员。

让我们出发，一同去探寻太阳和地球诞生的奥秘吧！

太 阳 系 的 故 乡

夏日的晚上，银河点缀着夜空。46 亿年前，太阳系诞生在银河系的角落里。群星汇聚的银河，是一个直径达 10 万光年的巨大的圆盘形星系。银河系据说拥有 2000 亿颗星。而银河系本身，只是宇宙的 1000 亿个星系之一。这个牵牛星和织女星相逢的地方，也是我们太阳系的故乡。

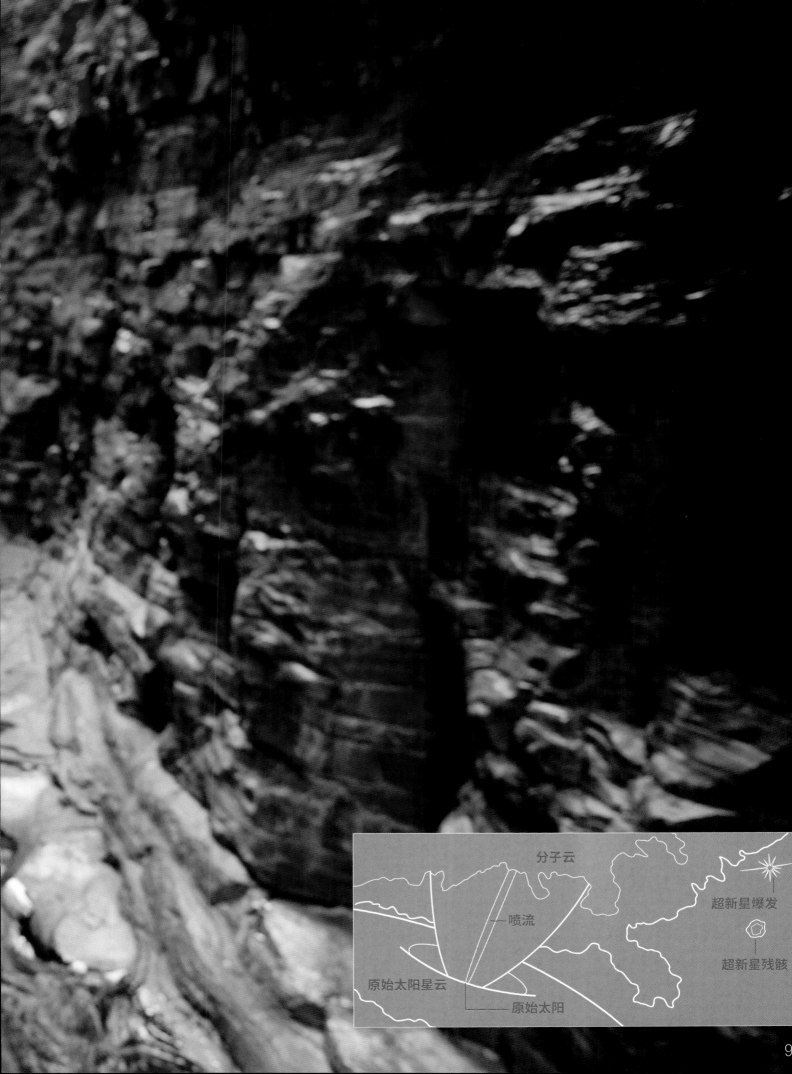

分子云

喷流

超新星爆发

原始太阳星云

超新星残骸

原始太阳

9

太阳的诞生

太阳诞生了

一颗恒星死去之后

138亿年前，宇宙诞生了。约92亿年后，银河系的一个角落，太阳诞生了。这是关系到日后地球诞生的伟大一步。

高空中闪耀的"母亲之星"——太阳

地球的历史，是与太阳的诞生同时起步的。

距今46亿年前，太阳诞生在银河系的一个角落。它的直径约为139万千米，是地球的109倍，质量是地球的33万倍，表面温度为5500摄氏度。古希腊人把这个巨大的灼热星球当成是"燃烧的石头"。殊不知太阳98%的部分是氢和氦，这块"燃烧的石头"其实是一团巨大的气体。太阳内部发生核聚变，令它光芒四射，同时释放出巨大的能量。

这颗位于太阳系中心、距离地球最近的恒星，自古以来就是人们所崇拜敬畏的对象，被视作神明。日本神话中的天照大神、古希腊神话中的阿波罗和赫利俄斯、古埃及神话中的拉等世界各地神话中出现的太阳神，便是人类崇拜太阳的明证。

太阳向地球提供生命存续不可或缺的光和热，受到人们的尊崇。它诞生于46亿年前发生在银河系角落的一场大爆炸之中。一颗恒星在这场"超新星爆发"中死亡，为太阳的诞生创造了契机。

从宇宙的年龄来看，太阳是比较年轻的恒星。

原始太阳和原行星盘

刚诞生的太阳的想象图。宇宙空间飘浮的气体和尘埃旋转着聚集，中心部位温度和压力升高，原始太阳从中诞生。原始太阳周围，由于离心现象的作用，气体和尘埃形成扁平的圆盘形状，这就是原行星盘。

太阳的诞生

现在 我们知道！

分子云孕育了恒星

浩瀚的宇宙，自古希腊时代起就令众多科学家着迷。进入20世纪，美国的威尔逊山天文台、帕洛马山天文台、哈勃太空望远镜等陆续投入使用，太空观测技术取得了长足进步，"大爆炸"、天体[注1]的真实面貌等逐渐被人们所掌握。

宇宙中孕育恒星的云——分子云

宇宙空间中，星球之间飘浮着氢、氦等气体和尘埃，这些物质是死亡的恒星[注2]所抛出的"遗物"，叫作星际物质。星际物质聚集的场所，就叫作分子云。

比如在银河系中，有些地方颜色格外黑，这就是分子云。之所以看上去格外黑，是因为这里星际物质密集，密度比周围高。据说在1立方厘米的空间内存在1000个以上的星际物质。在这部分区域，星际物质遮住了星球和星系的光，看上去就好像宇宙中飘着黑色的云，所以分子云又叫暗星云。分子云是生产恒星的"工厂"，太阳就是在46亿年前诞生于银河系的一片分子云当中。

藤原定家写入日记的一次超新星爆发

恒星因其质量不同，"死法"也不一样，超新星爆发是其中一种死法。质量在太阳8倍以上的巨大恒星在寿命终结时将发生大爆炸。超新星爆发时的亮度是新星的100万倍以上，从地球上看，这种光芒像是新星突然诞生，因此得名"超新星"。因爆炸而结束其一生的恒星化为气体和尘埃——也就是"超新星残骸"，飘浮在宇宙空间中。

日本镰仓时代前期文人藤原定家在其日记《明月记》中记录"出现了木星一般的大客星"。这颗所谓的"客星"就是超新星，当时爆发的残骸即现在金牛座的蟹状星云。

飘散在宇宙空间中的气体和尘埃——也就是星际物质，出于某种机缘聚集在一起，又会发展成一颗新的恒星。就太阳而言，制造它的原材料可能是数代超新星爆发后的产物。

气体聚集后诞生的"婴儿太阳"

受超新星爆发影响，分子云的均衡被打破，出现密度大和密度小

蟹状星云
哈勃太空望远镜拍摄到的蟹状星云照片。这类星云被称为"超新星残骸"，宽幅达11光年，现在仍以每小时540万千米的速度在扩展。

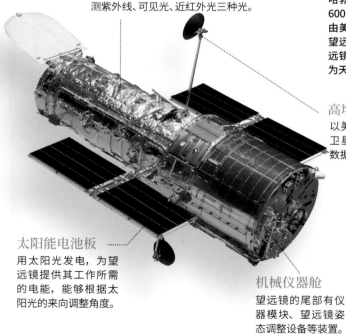

镜筒
望远镜主镜的口径是2.4米。可观测紫外线、可见光、近红外光三种光。

太阳能电池板
用太阳光发电，为望远镜提供其工作所需的电能，能够根据太阳光的来向调整角度。

高增益天线
以美国国家航空航天局的卫星为中介，将收集到的数据传输到地面。

机械仪器舱
望远镜的尾部有仪器模块、望远镜姿态调整设备等装置。

▢ 哈勃太空望远镜

哈勃太空望远镜飞行在大气层外距离地面约600千米处的太空，全长13.2米，1990年由美国国家航空航天局发射升空。哈勃太空望远镜所拍摄的天体图像比地面上的任何望远镜都要清晰，还由此证实了黑洞的存在，为天文学的发展做出了不可磨灭的贡献。

分子云的温度是零下263摄氏度。灼热的恒星是从寒冷的"云"当中诞生的。

观点 碰撞

如果没有超新星爆发，还会有新的恒星诞生吗？

关于分子云核收缩的原因，众说纷纭。其中有一种观点认为，分子云核收缩是由于银河系中心部位存在分子云冲撞，恒星频繁地诞生。此外，还有人认为这是因为宇宙磁场的作用。也有人说，分子云核会自然而然地发生收缩。

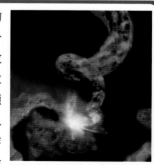

银河系中心部位分子云冲撞的想象图，被形象地称为"猪尾巴分子云"

恒星工厂——分子云

哈勃太空望远镜所拍摄的船底座星云。距离地球约 7500 光年，凸起的部分（图片上部）是逐渐生成的分子云核。这里被认为是恒星诞生的场所。

的部分，密度大的部分叫作"分子云核"[注3]。分子云核自生成之时起就在缓慢旋转，由于其密度较大，受自身质量影响，开始凝集，同时旋转慢慢加速。

我们来看看花样滑冰选手，他们把胳膊缩回贴近身体时，旋转便会加快。同样的道理，气体和尘埃也在发生收缩的同时加速旋转，密度进一步增大，并且产生热量——原始太阳就此诞生。当温度达到约

1000 万摄氏度时，出现了戏剧性的一幕：将氢转化为氦的核聚变[注4] 开始发生。

就这样，一团气体脱胎换骨，成为自身发光发热的星球——太阳。另一方面，受离心现象影响无法到达旋转中心的气体和尘埃就形成扁平的圆盘形状，即原行星盘。包括地球在内的太阳系行星就孕育在原行星盘当中。

杰出人物

最早的太阳系形成理论

关于太阳系的起源，最早提出观点的是近代哲学的代表人物康德。他认为星云旋转着收缩，由于离心现象而分离出去的气体形成行星，其余留下来的星云形成恒星。该观点日后由数学家西蒙·拉普拉斯（1749－1827）补充，形成"康德 - 拉普拉斯星云说"。该假说认为：天体收缩形成圆盘，太阳系从中诞生。这一假说虽然某些细节在力学上无法成立，但其着眼点无疑是领先于时代的。

哲学家
伊曼努尔·康德
（1724－1804）

科学笔记

【天体】 第12页注1
宇宙中存在的物体的统称。恒星、行星、卫星、小行星、彗星、星系、分子云、原行星盘、黑洞等，都叫天体。

【恒星】 第12页注2
通过核聚变自行发光发热的气体星球，如太阳。肉眼观察夜晚的星空，月球、水星、金星、火星、木星、土星等通过反射太阳光发亮，其余会发光的星球都是恒星。

【分子云核】 第13页注3
分子云是飘荡在宇宙空间中的气体、尘埃的集合体。分子云中密度特别大的区域称为"分子云核"。恒星及原行星盘都形成于分子云核的内部。

【核聚变】 第13页注4
数个轻原子核融合产生一种重原子核的现象。太阳的核心部分不断发生着由 4 个氢原子核聚合成 1 个氦原子核的核聚变，这一过程会产生巨大的能量。

随手词典

假设太阳系是一个多星系统

太阳系中的恒星只有一颗，那就是太阳。然而宇宙中却存在着拥有两颗以上恒星的"多星系统"。多星系统的成因还有不少未解之谜。一种比较有说服力的观点认为：分子云核收缩时，在多处产生了凝集。事实上，银河系的恒星有三分之二是多星系统。太阳诞生时，太阳系如果产生了另一颗恒星，那么地球也将会是一颗和现在截然不同的行星。

原始行星的想象图。原行星盘诞生100万年左右，太阳系的内侧形成大约20个原始行星

6.原始行星的形成

微行星在引力影响下相互吸引，反复冲撞聚合，形成若干个火星大小的天体，即原始行星。

原行星盘中微行星的想象图。和现在的小行星形态相似，数量估计超过100亿个

5.微行星的形成

原行星盘生成后不久，包含在气体中的尘埃结合在一起，形成无数直径1~10千米的微行星。

4.原行星盘的诞生

分子云核的旋转速度越来越快，原始太阳周围的气体在离心现象的作用下变成扁平的圆盘状，半径为40～100天文单位。原始太阳喷射出一种叫作喷流的等离子体。

原理揭秘

原行星盘是这样生成的

原始太阳周围的原行星盘是宇宙空间中飘荡的气体和尘埃的集合体，在离心现象和引力的作用下逐渐有了圆盘的形状。气体和尘埃形成恒星，进而有了现在太阳系的雏形。在这里，我们一起来回顾一下气体和尘埃生成原行星盘，进而构建太阳系的全过程。

7. 太阳系成型

太阳星云诞生后几百万年，气体变得稀薄，若干个原始行星开始发生冲撞，或合为一体，不久便形成了现在的行星。

新的学说　两起超新星爆发曾在附近发生？

科学家分析陨石的成分，发现在原始太阳诞生前后，在为太阳系形成提供原料的分子云核附近，发生了两起超新星爆发。爆发产生的冲击波可能以每秒几百万米的高速吹散了笼罩在原始太阳周围的多余气体。

两起超新星爆发
带来的冲击波

1. 分子云核

超新星爆发之后散播在宇宙空间中的星际物质集聚形成分子云。分子云核是分子云中较为稠密的部分，98%的部分是氢气和氦气，此外是由各种元素构成的尘埃。

2. 分子云核开始收缩

分子云核内部密度更大的部分由于比其他部分引力更强，开始集聚周围的气体，并不断收缩。

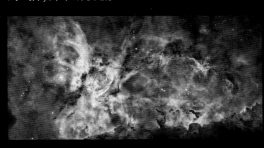

远望船底座星云，可见各处分子云的浓度不同。分子云核是那些颜色格外深的地方

3. 中心部位诞生了原始太阳

分子云核原本就在缓慢旋转，随着气体的收缩而加快了旋转的速度，收缩的中心部位诞生了原始太阳。在这个阶段，原始太阳整体被分子云核包裹着。

原始地球的诞生

没变成太阳的尘埃构成了『奇迹星球』地球

约 46 亿年前诞生的太阳周围，飘荡的尘埃开始一点点地结合在一起。这种微小变化的积累，最终促成了地球的诞生。

从细微的气体尘埃到孕育生命的"丰饶之星"

将一束光照进黑暗的房间中，就能看见飘浮的灰尘。46 亿年前，太阳系中唯一的固体物质，是比灰尘小得多的细微尘埃。

太阳诞生后，没参与构成太阳的"多余的"气体和尘埃在太阳周围结合成微行星。微行星反复进行冲撞后聚合成一体，最终形成行星。这一理论在 20 世纪七八十年代由日本宇宙物理学家林忠四郎提出。此后许多科学家在这一理论的基础上继续探究行星形成的过程。

最近的一次探究是 2010 年"隼鸟号"小行星探测器带回了小行星"丝川"的样本。尽管"隼鸟号"在冲入大气层的过程中被烧毁，但它带回地球的"丝川"样本可能会成为解读太阳系形成初期历史的"钥匙"。

追根溯源，小行星"丝川"也是由尘埃构成的。飘浮在宇宙空间中的尘埃，既构成最宽处约 535 米的小行星"丝川"，也构成巨大的地球。那么地球走过了怎样的道路，才成长为如今这样一颗生机盎然的星球呢？

日本人在地球史探究方面做出了很大的贡献。

微行星是孵化行星的"蛋"

在太阳周围相互冲撞的微行星的想象图。微行星由存在于原行星盘中的尘埃聚集而成。它们相互碰撞，合为一体，逐渐成长为更大的天体，即原始行星。

小行星"丝川"

"隼鸟号"的观测对象——小行星"丝川"是残存至今的微行星。逐渐成长起来的微行星在冲撞中又被破坏掉，"丝川"是微行星碎块重新集结的产物。

杰出人物

京都大学名誉教授
林忠四郎
(1920—2010)

太阳系形成理论的"标准模型"

飘浮在宇宙空间中的气体和尘埃形成扁平的圆盘形状，其内部生成微行星，微行星进而成长为行星。这个理论是现代行星形成理论的基础。提出这个理论的是京都大学的林忠四郎。他在 20 世纪七八十年代提出了恒星、岩石行星及巨大气体行星的形成路线图。学界将他的观点与苏联维克托·萨夫罗诺夫所提出的太阳系形成理论比较，称之为"标准模型"。

原始地球的诞生

现在我们知道！

尘埃结合，长成行星——这就是宇宙的神秘

黄道光

事实上，现在的太阳系当中仍有尘埃飞舞。在天气晴朗的条件下，日落后的西边天空、日出前的东边天空偶尔能看见淡淡的圆锥形的光柱，这就是黄道光，由宇宙空间中的尘埃反射太阳光而形成。

"标准模型"解释了行星的起源。但在 1995 年，人们发现太阳系之外还存在行星，"标准模型"由此受到了挑战。这些行星与太阳系的行星相比性质不同，现有的学说并不适用。为了解决其中的矛盾，人们不断修正太阳系形成理论，尽管出现了多种假说，但的确在接近行星起源的真相。这里先为大家讲

解行星诞生的"标准"过程，再来看看地球诞生的前后经过。

尘埃结合成孵化行星的"蛋"

环绕在原始太阳周围的原行星盘是气体团，但也有含硅[注1]、铁、碳[注2]等多种元素[注3]的尘埃混杂其中。这些尘埃相互碰撞，合为一体，越变越大，进而在原始太阳的引力以及原行星盘的离心现象的作用下，像雪一样沉降于原行星盘的赤道平面[注4]上，形成尘埃层。

尘埃层形成后不久，其内部突然开始分裂，形成无数的尘埃团块。尘埃层原本在太阳引力和原行星盘离心现象的作用下维持住了形状，但其中的尘埃团块渐渐突破了前面

两种作用的控制，使得尘埃层开始解离。各个尘埃团块在自身引力的作用下进一步变大，形成孵化行星的"蛋"——微行星由此成型。

微行星的大小是 1 ~ 10 千米，数量达 100 亿颗。从尘埃层分裂到微行星形成，只用了 1 ~ 10 年，不过是太阳系历史的短短一瞬间罢了。

星星吃星星，发展成原始行星

微行星形成后，冲撞持续不断。虽说是巨大团块之间的冲撞，但因为冲撞发生在真空的宇宙空间中，所以既没有火星飞溅，也没有隆隆轰鸣，就像是棉花团粘在一起似的。

这种情况下，一开始就比较大

微行星诞生经过

原行星盘内飘浮的尘埃经过下面的过程，成长为直径超过 1 千米的微行星。

1 原行星盘诞生
图为原行星盘的截面图。尘埃只占原行星盘总质量的千分之一。

2 尘埃层形成
尘埃在原始太阳的引力以及原行星盘的离心现象的作用下沉降于原行星盘的赤道平面上，形成尘埃层。

3 尘埃层分裂
随着尘埃层的密度增大，尘埃层不再均匀，密度大的部分开始解离。

4 微行星诞生
从尘埃层中解离出去的尘埃团块开始收缩，形成无数的微行星。

近距直击

太阳系外的奇异行星

太阳系外的行星以其独特的性质令天文学家吃惊。比如热木星，距离主星很近，公转速度非常快。还有些行星拥有特别扁的椭圆轨道。这些行星的性质和太阳系行星大不相同，超乎人类常识。但随着观测的深入，我们发现类似地球的行星还是比较多的。

围绕狐狸座中恒星 HD 189733A 旋转的热木星（图片左边）的想象图

太阳系家族的示意图
太阳、太阳系的行星以及冥王星。从左到右依次是：太阳、水星、金星、地球、冥王星（地球上方）、火星、木星、土星、天王星、海王星。

行星到太阳的距离、行星的大小决定了行星的命运

太阳系的 8 颗行星虽然同为气体和尘埃构成，形成过程也基本相同，但个性却大为不同。单说大小，地球的半径约为 6400 千米，而太阳系中最大的行星木星的半径，竟达到约 7 万千米。这种差距是怎么产生的呢？

液态水[注1]
只存在于地球

太阳系内侧起初有 20 多颗原始行星，它们相互冲撞融合，形成水星、金星、地球、火星。一般认为，水星源自两个原始行星，金星和地球各源自十个左右的原始行星，火星是没有发生冲撞融合的原始行星。这些行星叫作"岩石行星"——外观相似，距离太阳比较近，主要由铁和岩石构成，个头也比较小。

它们之间最大的区别，在于是否存在液态水。距离太阳最近的水星和金星，水分全部蒸发。地球则诞生在液态水得以存留的空间位置上。火星也位于容许液态水存在的位置，但它引力较弱，无法留住大气，所以火星的气压[注2]只有 800 帕如此之低，水自然不能以液态的形式存在。

木星的个头大，
是因为离太阳远

孕育木星和土星的区域距离太阳很远，太阳的热量无法到达这里，所以原行星盘的一部分结了冰，这种冰也是构成行星的原材料，巨大的原始行星由此诞生。这些原始行星因为引力强大，周围的气体被大量吸引，所以能够

假如 如果没有木星的话？

殊不知，木星的巨大躯体给了地球不少好处。太阳系当中有无数彗星[注3]飞舞，有时会撞击行星。木星以其巨大的躯体，或吸收彗星，或将其弹出太阳系外，减少了彗星与其他行星撞击的概率。假设原行星盘的质量比实际要轻，木星没有成长为气态巨行星，那么威胁地球的彗星数量将大大增加。

1994 年，苏梅克 - 列维九号彗星撞击木星便是其代表性事件

形成直径是地球 10 倍左右的木星和土星。这两颗行星主要由气体构成，叫作"气态巨行星"。

天王星和海王星也是由含冰的巨大原始行星成长而来的。但是当它们长到足以吸引气体的时候，原行星盘中可供其吸引的气体已经所剩无几了，所以它们的表面没有覆盖如木星、土星那么多的气体，叫作"冰态巨行星"。

近距直击

谜团中的土星环

土星的最大特征，就是它那巨大的光环。土星环其实是由直径 1 厘米～ 10 米的冰块组成的。有人认为土星环是毁坏的土星卫星的碎块，也有人认为是彗星的残骸，其起源至今还是个谜。

土星探测器"卡西尼号"拍摄的土星环

火星

质量约为地球的 1/10，几乎没有大气层。平均气温是零下 43 摄氏度。2013 年，科学家证明火星上曾经存在适合生命生存的环境。

金星

和地球差不多大，被厚厚的二氧化碳大气层包围。金星的大气压是 9.2 兆帕，平均温度 460 摄氏度。照片是苏联的火星探测器发回的金星地表图像。

岩石行星

距离太阳较近的行星类别，包括水星、金星、地球、火星，主要由岩石构成，中央存在金属核心。比起气态巨行星和冰态巨行星，其半径和质量要小得多，也叫作"类地行星"。

能够孕育生命的行星，仅限于能够生成海洋的岩石行星。

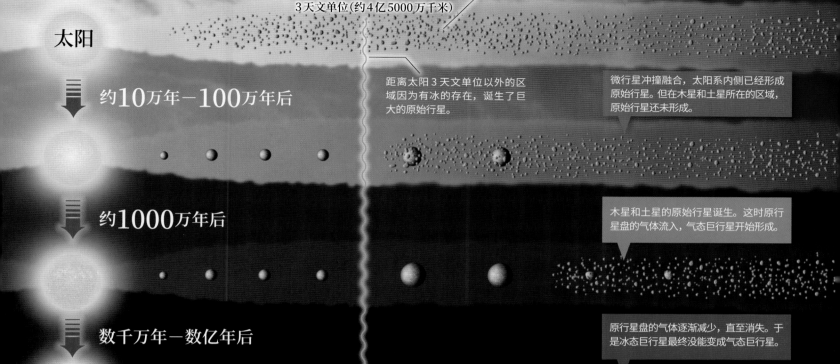

● 三种行星的诞生过程

行星诞生过程的想象图。太阳系内侧先有行星诞生。因为越靠近太阳公转轨道注4越短,所以微行星和原始行星比较集中。

尘埃结合成微行星。这时,太阳热量无法到达的3天文单位以外的区域,大量微行星是以冰为原料形成的。

微行星

3天文单位(约4亿5000万千米)

太阳

约10万年−100万年后

距离太阳3天文单位以外的区域因为有冰的存在,诞生了巨大的原始行星。

微行星冲撞融合,太阳系内侧已经形成原始行星。但在木星和土星所在的区域,原始行星还未形成。

约1000万年后

木星和土星的原始行星诞生。这时原行星盘的气体流入,气态巨行星开始形成。

数千万年−数亿年后

原行星盘的气体逐渐减少,直至消失。于是冰态巨行星最终没能变成气态巨行星。

水星　金星　地球　火星　　　木星　　　土星　　天王星　海王星

可见太阳系8颗行星的大小及性质,是由离太阳的远近距离决定的。

决定太阳系命运的东西

8颗行星自从各就各位以来,就没有和别的行星发生过碰撞,40多亿年,沿着几乎是正圆的轨道围绕太阳公转。放眼宇宙,太阳系的情况也属于特例。科学家观测到,在别的星系中,行星常常是沿着椭圆形的轨道公转的。而太阳系行星的轨道几乎是正圆的,这是因为原始星盘中的气体和尘埃不多,只生成了木星和土星两颗气态巨行星。假如多一颗气态巨行星的话,受其引力的影响,各行星的轨道将发生混乱,地球或许已经一头撞进太阳了。所以说构成太阳系的原材料不多不少,刚刚好。

□ 气态巨行星

木星和土星属于此类,主要由氢气和氦气构成。其特征是没有坚硬的地表,气体下方是由于高压而液化的氢的海洋。

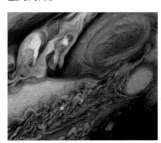

木星
直径约为地球的11倍,体积约为地球的1300倍,是太阳系最大的行星。其表面的斑纹是它最大的特征,其实是时速400千米的大气活动所形成的。

□ 冰态巨行星

天王星和海王星属于冰态巨行星,主要由冰构成。其特征是带有一种通透的蓝绿色。这是因为大气中的甲烷吸收了红光,只反射了蓝色。

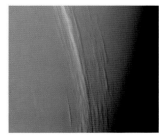

海王星
太阳系最外侧的行星。表面温度为零下220摄氏度,但其内部出于某种原因正发出热能,大气层一直很活跃。照片中的云由甲烷冰构成。

科学笔记

【液态水】 第24页注1
物质的状态与气压密切相关。就水而言,0.1兆帕的大气压下,冰的熔点(冰液化成水的温度)是0摄氏度,水的沸点(水汽化的温度)是100摄氏度。气压越低,沸点也就越低。如果气压在600帕以下,水会直接从冰转化为水蒸气,在任何温度下都不会存在液态水。

【气压】 第24页注2
气体的压强,狭义上指大气的压强。

【彗星】 第24页注3
一种小天体,水和干冰的混合体,其中混入尘埃和小岩石。彗星依椭圆形的轨道公转,靠近太阳时,因太阳的热量而发生升华,生成的气体和尘埃受太阳风的影响,背向太阳形成彗尾。

【公转轨道】 第25页注4
公转指天体围绕主星旋转,其转动的路径就是公转轨道。

随手词典

【矮行星】
将冥王星排除出"行星"时，为其新设置的天体分类。科学界定义行星为"在太阳周围公转，具有相当大质量的球状天体，且周围不存在相同规模的天体"，矮行星是不具备"周围不存在相同规模天体"这一条件的天体。太阳系中存在冥王星、阋神星、谷神星、鸟神星、妊神星5颗矮行星。

【地壳】
以地层的深度给岩石行星分层，最外侧的部分是地壳。把行星比作蛋，那么最外侧的部分相当于"蛋壳"。由岩石等构成行星的物质当中质量较轻、熔点较低的物质构成。气态行星和冰态行星不存在地壳。

【硅酸盐】
以硅和氧为主要成分的化合物。火成岩、变质岩、沉积岩等代表性的岩石都是由硅酸盐构成的。

【地幔】
岩石行星地壳下面的岩石层，包裹行星核。把行星比作蛋，地幔相当于"蛋白"。虽然是固体，但地球的地幔会缓慢流动，是大陆移动的原动力。

【核】
行星的中心部位。把行星比作蛋，核相当于"蛋黄"。由铁等构成行星的物质当中密度最高的物质构成。不仅是行星，大型的卫星也存在核。

【金属氢】
氢在数百万个标准大气压的极高压力下性质发生变化，具备导电的能力。金属氢有超导性，如果能够人工制造，将为能源领域带来一场革命，但现阶段实现起来仍有诸多障碍。

各行星的卫星数量截至2013年7月15日。矮行星的数量是同一年7月8日的数据。

近距直击

海王星的外侧是什么情况？

海王星外侧有宽幅约几十亿千米的"柯伊伯带"，是一片空心圆盘状的区域。冥王星以及其他主要由冰构成的天体存在于此。再往外是"奥尔特云"，像蛋壳一样包围着整个太阳系。

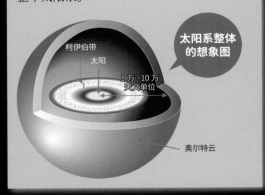

柯伊伯带
太阳
1万~10万天文单位
奥尔特云

太阳系整体的想象图

地球
赤道半径：约6378千米
质量：约$5.972×10^{24}$千克
公转周期：约365天
到太阳的平均距离：约1亿4960万千米
卫星：月球

小行星带

包括较小的、数百万颗小行星。过去受木星引力的影响，有许多小型的行星以很高的速度相互撞击，这些小行星就是撞击的残骸。

冥王星

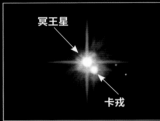

冥王星

卡戎

赤道半径：约1137千米
质量：约为地球质量的0.2%
公转周期：约248年
到太阳的平均距离：约60亿千米
卫星：5颗

21世纪初，与冥王星规模相近的小型天体陆续被发现。这些天体是归为行星呢？还是另外设置分类？科学界经过讨论，在2006年将冥王星归类为矮行星。

海王星
赤道半径：约24764千米
质量：约为地球质量的17.2倍
公转周期：约165年
到太阳的平均距离：约45亿千米
卫星：13颗

岩石行星的内部构造

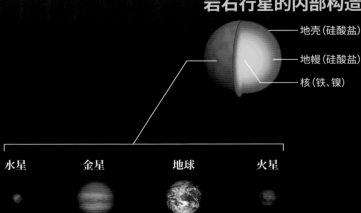

地壳（硅酸盐）
地幔（硅酸盐）
核（铁、镍）

水星　　金星　　地球　　火星

木星

原理揭秘

俯瞰太阳系

水星
赤道半径：约 2440 千米
质量：约为地球质量的 6%
公转周期：约 88 天
到太阳的平均距离：约 5791 万千米

金星
赤道半径：约 6052 千米
质量：约为地球质量的 82%
公转周期：约 225 天
到太阳的平均距离：约 1 亿 820 万千米

火星
赤道半径：约 3396 千米
质量：约为地球质量的 11%
公转周期：约 687 天
到太阳的平均距离：约 2 亿 2794 万千米
卫星：火卫一、火卫二

土星
赤道半径：约 60268 千米
质量：约为地球质量的 95 倍
公转周期：约 29 年
到太阳的平均距离：约 14 亿千米
卫星：53 颗

天王星
赤道半径：约 25559 千米
质量：约为地球质量的 14.5 倍
公转周期：约 84 年
到太阳的平均距离：约 29 亿千米
卫星：27 颗

木星
赤道半径：约 71492 千米
质量：约为地球质量的 318 倍
公转周期：约 12 年
到太阳的平均距离：约 7 亿 7830 万千米
卫星：50 颗

太阳系以太阳为中心，8 颗行星围绕它公转，许多行星周围又有卫星。火星和木星之间，有一片飘浮着无数小行星的小行星带。从海王星外侧到数万天文单位远的范围称为"外海王星区域"，这里存在着无数由冰构成的天体。太阳系是如此多彩多姿。让我们来看看行星的相对位置和它们的内部构造吧！

气态巨行星的内部构造

大气层（氢、氦）
液态氢（含气体）
金属氢（含氦）
核（岩石、冰）

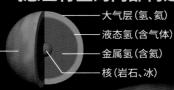

土星

冰态巨行星的内部构造

大气层（氢、氦和甲烷）
地幔（氨、水、甲烷的混合物，呈冰态）
核（岩石、冰）

天王星　　　　海王星

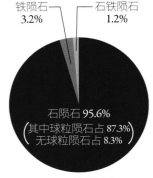

陨石

| Meteorite |

承载宇宙记忆的时光胶囊

一年当中有成千上万颗陨石坠落地球。这些陨石，或是微行星、原始行星的碎块，或是其他行星的岩石。陨石中保存了太阳系形成初期的信息，是探索太阳系起源的有力线索。

陨石的分类

【石陨石】
由天体内部的岩浆凝固而成。天体相互撞击，碎块以陨石的形式来到地球上。其中含有球粒（飘浮在宇宙空间的微粒或矿物构成的球状物质）的叫作球粒陨石，不含球粒的叫作无球粒陨石。

【铁陨石】
主要由铁镍合金构成的陨石。原始行星或小行星的核因冲撞而飞散至宇宙空间，形成这种陨石。铁陨石又叫陨铁。

【石铁陨石】
铁镍合金及岩石混合而成的陨石，被认为是原始行星的地幔。

陨石分为石陨石、铁陨石、石铁陨石三类。石陨石又大致分为球粒陨石、无球粒陨石两类。

铁陨石 3.2%
石铁陨石 1.2%
石陨石 95.6%
（其中球粒陨石占 87.3%
无球粒陨石占 8.3%）

陨石的比例

【默奇森陨石】

| Murchison meteorite |

和阿连德陨石齐名的球粒陨石。其中发现了形成生命不可或缺的氨基酸和糖类等有机物，科学界对它的研究如火如荼。在地球生命起源领域，这颗陨石给"宇宙起源说"（认为生命的种子是由陨石或彗星搬运到地球的）以莫大的刺激。

数据	
纵	4厘米
横	6厘米
种类	球粒陨石
组成	橄榄石、辉石等
坠落地	澳大利亚默奇森
坠落日期	1969年6月28日

【阿连德陨石】

| Allende meteorite |

含有太阳系最古老的物质的陨石，有"太阳系的罗塞塔石碑"之称。它含有太阳系诞生之前超新星爆发的尘埃，其表面的白色斑点是一种由钙和铝组成的"钙铝包裹体"物质。这颗陨石形成于 45 亿 6600 万年前。

放大陨石表面，可见地球岩石所不具备的斑状结构

数据	
纵	15厘米
横	15厘米
种类	球粒陨石
组成	橄榄石、辉石等
坠落地	墨西哥阿连德
坠落日期	1969年2月8日

近距直击 · · ·

南极是陨石的宝库

南极是世界上采集到陨石最多的地方。虽然陨石均匀地坠落在世界各地，但在南极特别容易发现，其秘密在于覆盖南极的冰川。陨石在没入冰川后，随着冰川漂移，一旦被山脉等障碍物所阻，冰川随着时间的流逝就会渐渐消融，露出陨石。至今发现的约 6 万颗陨石当中，有约 5 万颗是在南极发现的。

在索龙达讷山搜集陨石的南极科考队

【车里雅宾斯克陨石】

| Chelyabinsk meteorite |

2013 年坠落在俄罗斯车里雅宾斯克的一颗陨石。这颗陨石冲入大气层的时候直径约 17 米，在 15～50 千米的高空发生爆炸，碎块撒落多处，一千多人受伤，是陨石观测历史上造成最大规模人员伤害的陨石坠落事件。它是普通的球粒陨石，推测来自小行星带。

陨石冲入大气层时的速度为每秒 15～20 千米，与大气层发生剧烈摩擦，陨石表面蒸发，形成了又长又宽的陨石云

数据	
纵	2厘米
横	2.9厘米
种类	球粒陨石
组成	铁橄榄石、硅铁辉石、硅灰石
坠落地	俄罗斯车里雅宾斯克
坠落日期	2013年2月15日

【ALH84001陨石】

Allan Hills 84001 meteorite

火星诞生不久后的岩石碎块。这颗陨石约1600万年前—1300万年前由于小行星冲撞而飞入宇宙空间中，约13000年前坠落地球。内部发现疑似生命的痕迹。有学者认为这是火星上曾经存在生命的证明，但至今仍未有定论。

数据	
纵	约7厘米
横	约8厘米
种类	无球粒陨石
组成	斜方辉石等
坠落地	南极艾伦丘陵
坠落日期	约13000年前

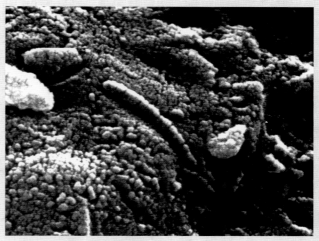

痕迹与40亿年前存在于地球上的杆菌酷似

【吉丙陨石】

Gibeon meteorite

坠落在非洲纳米比亚的铁陨石，自古用于制造枪头等铁器。1836年陨石被正式发现，回收的碎块达20吨以上。陨石表面发出美丽的光辉，部分被加工成饰品出售。

打磨铁陨石后，可见一种叫"魏德曼花纹"的网纹

数据	
纵	不明
横	不明
种类	铁陨石
组成	铁、镍等
坠落地	纳米比亚
坠落日期	不明

【NWA7325陨石】

NWA 7325 meteorite

这是一颗罕见的无球粒陨石，美丽的绿色是其特征，富含钙和镁，几乎不含铁。其组成成分与美国"信使号"水星探测器所观测到的水星表面的成分酷似。这有可能是人类发现的第一颗起源于水星的陨石。

数据			
纵	3厘米	组成	斜长石、透辉石等
横	5.5厘米	坠落地	撒哈拉沙漠西部
种类	无球粒陨石	坠落日期	不明

文明与地球

赫梯短剑

自古以来，陨石就与人类结缘

在没有金属精炼技术的时代，陨铁对人们而言是制造农具和武器的宝贵材料。公元前，赫梯人已掌握优秀的制铁技术，在美索不达米亚建立起了强大的国家。赫梯帝国早期的遗址中，出土了世界上最古老的铁器（右图）。分析表明，该铁器是公元前3000—前2000年间以陨铁为材料制成的。

起初不知道该短剑的原料是人工铁还是陨铁，近年才查明是陨铁。手柄部分由金制成，刀身长18.5厘米。安那托利亚文明博物馆收藏

【依米拉克陨石】

Imilac meteorite

这颗陨石的特征是具有宝石般光泽的橄榄石呈斑点状镶嵌在金属铁的内部。一般认为它形成于原始行星的核心附近。这颗陨石制作成的装饰品，非常受人们追捧。

将依米拉克陨石切开，研磨其截面，可以看到一种神秘的美

数据	
纵	不明
横	不明
种类	石铁陨石
组成	岩石、铁、镍等
坠落地	智利阿他加马沙漠
坠落日期	1822年

铭刻地球记忆的"大峡谷"
科罗拉多大峡谷

住于美国亚利桑那州，1979 年被列入《世界遗产名录》。

在美国亚利桑那州棕褐色的大地上，有一条长达 450 千米的巨大裂痕。这一震撼人心的美景是科罗拉多河常年冲刷隆起的大地所形成的，从崖顶到谷底，落差达 1600 米。裸露的峡谷地层，讲述着地球近 20 亿年的历史。

"大峡谷"是这样形成的

沉积与地壳变动

20 亿年前，科罗拉多高原是海底，在这里形成了水平的沉积层。17 亿年前，由于地壳变动，地层被压缩，进而隆起。

侵蚀和沉积

地层隆起后形成的山岭经过长时间的侵蚀变成平原，又沉入海底。此后，海洋退去，沉积层成为陆地。

地壳变动

由于地壳变动，地层产生压缩和断层，这里时而是陆地，时而是海底，侵蚀和堆积交替反复进行，最终成为陆地。

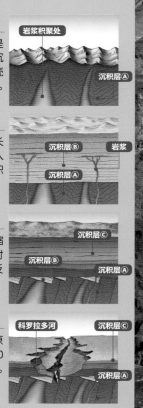

隆起和冲刷

6500 万年前，科罗拉多高原由于地壳变动而隆起。1000 万年前，被科罗拉多河所冲刷。

冲刷和风化

河流在冲刷过程中出现多条支流，峡谷变得复杂起来。在 120 万年前变成现在这个样子。冲刷和风化依然在进行。

从大峡谷南缘眺望"大峡谷"的雄姿

如此壮美的风景，很难想象过去这一带是海底。谷底能看到20亿年前的地层，上层能看到约2亿5千万年前的地层。而更晚些形成的地层全都被风化侵蚀了。

31

地球之谜

西伯利亚上空的怪事

通古斯大爆炸

20世纪初，在西伯利亚的森林上空，发生了一起疑似陨石撞击的大爆炸。然而，人们没有发现陨石坑，也没有发现陨石的碎块。甚至有传言称，这是一起太空船引发的核爆炸。那么，事件的真相是什么呢？

事情发生在1908年6月30日中央西伯利亚地带的上空。在通古斯河的上游，早晨的天空中忽然出现一个比太阳还明亮的火球。当地以狩猎和驯养驯鹿为生的人们惊呆了，直愣愣地望着天空。巨大的火球以惊人的速度掠过空中，消失在地平线……紧接着空中传来震耳欲聋的巨响，与此同时，天空亮度激增，白晃晃的一大片，一场不明原因的大爆炸发生了。大地剧烈震动，爆炸引起的冲击波掀翻了户外的人们，也震碎了窗玻璃。

直径1000千米的范围内，人们都目击了这个大火球。欧洲各地也都观测到了冲击引起的震动。那一天，到了深夜天还是亮的。据史料记载，在伦敦，人们不用点灯也能读报纸，夜晚的亮度比平常要高100倍——这种异常现象在北半球的高纬度地区持续了一段时间。

这起事件规模之大，令人震惊，但究竟发生了什么事呢？当时是日俄战争后的第三个年头，俄国国内正闹革命，根本顾不上搞现场科学考察。更何况，这个现场在人迹罕至的西伯利亚腹地。

彼得堡科学院对这起事件正式启动调查，是在事件发生13年后的1921年。带队者是矿物学家昂尼德·库利克，他听取目击者的供述，认为原因是陨石冲撞，应该存在陨石坑。

库利克在遍布沼泽的针叶林地带艰难前进，一心要找到预想中的巨大陨石坑。然而事与愿违，库利克只看见了倒伏的树木，化为焦土的"死亡森林"。后来，科考队查明这片区域的直径有几万米，但始终没有发现陨石坑的存在。科考队尽力寻找，也没找到陨石的碎块。从此，这起事件就被称为"通古斯之谜"。

全世界的研究团队参与调查，提出了70多个假说，当中不乏带有科幻成分的。比如有假说称，这是一个超小型黑洞贯穿地球时的冲击波。也有人说这是

通古斯大爆炸已经过去百余年，在西伯利亚寒冷的环境中，当地仍然没有树木生长。地面上依然存留着一个巨大的蝴蝶形"瘢痕"

约 2000 平方千米的区域内有约 8000 万棵树呈放射状倒伏

进行现场科学考察的地球物理学家阿列克谢·佐托洛夫。他曾任职于现在的圣彼得堡地质矿物博物馆

"通古斯大爆炸"的想象图。再现了某物体从左下方向以时速数万千米的超高速度冲撞地球的情形

反物质团块和地球发生冲撞引起的爆炸。甚至有人说是外星人的太空船坠毁，作为飞船燃料的核物质引起了爆炸——这种说法是有依据的：爆炸中心采集到了地球诞生之前的铅元素。但马上有人反驳称无法确定铅的年代，而且也没有发现当地存在放射性物质，打击了"太空船爆炸说"。

科学实验和土壤采集带来的新假说

对于这起事件的科学考察于 1958 年正式启动，此后的发现让人们逐步接近事件的真相。科学家首先进行了空中的大范围调查。他们将数量庞大的航空照片拼合在一起，发现被爆炸所焚毁的森林正好呈一只展开翅膀的蝴蝶形状。此外，科学家发现爆炸中心地带的树木是直立的，以此为中心，周围的树木都呈倒伏的状态。

这又意味着什么呢？是不是说明某个物体是在空中爆炸的呢？科学家制作了森林的微缩模型，实施空中爆炸的实验，结果成功再现了通古斯爆炸的场景。

那么，是什么在空中爆炸了呢？科学家采集了爆炸中心地带的土壤，发现其中含有存在于宇宙空间中的金属元素铱。现在，就通古斯大爆炸的原因，有两种比较有说服力的假说。

其一是含有冰和气体的彗星残骸坠入地球大气层时，因摩擦生热，在古斯的上空发生爆炸。其二是含有有物等挥发性物质的小行星在坠入地球气层时，因摩擦生热，内部发生膨胀在空中爆炸。

不管是哪种假说，在空中爆炸的况下，高温气体形成火球落到地面，冲波会带来巨大伤害，但不会留下陨石坑

此外，之前有人认为通古斯大爆炸出的能量是在广岛爆炸的原子弹的 10倍，但在 2008 年，美国的科研团队提出观点，认为该起爆炸的能量是广岛原子的 300 倍。

Q 如何知道行星的内部情况？

A 遥远行星的内部情况通过四个步骤探明。首先，测算出行星的体积。其次，调查它对周边其他行星或卫星施加了多大的引力，由此可以推算出其质量。质量除以体积，就能得出该行星的平均密度。构成行星的成分主要有铁、岩石、水、氢氦四种，密度各不相同。只要知道行星的平均密度，就能推算出各种成分所占的比例。

Q 如何知道太阳的成分和温度？

A 太阳主要由氢和氦构成，表面温度达 5500 摄氏度。这些信息是通过分析太阳光获得的。太阳光除了可见光，还包含紫外线、红外线等各种波长的光。将光按波长区分后形成的图案称作"光谱"，可见其中有黑色的部分，那是被太阳的大气所遮挡而未能抵达地球的某种波长的光。构成太阳大气的分子和原子，具有吸收某种特定波长光的性质。所以只要看这些黑色的部分，就能知道太阳大气中含有哪些分子和原子。在可见光部分，温度较高的物体发出波长较短的青白色光，温度较低的物体发出波长较长的红光。观察波长的情况，还能推算出太阳的温度。

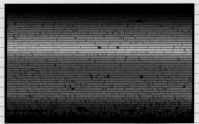

太阳的光谱。从光入手调查研究天体的手段称为"光谱分析"。不局限于恒星，这种手段还能用于检测行星大气或分子云等的成分

Q 太阳系在银河系的什么位置？

A 从银河系的外部看，银河系呈旋涡状。中心部分叫做"核球"，围绕核球的旋涡部分叫做"银盘"。太阳系在银盘内稍稍靠外的位置，距离核球中心约 26000 光年。银盘有丰富的气体和尘埃，是恒星密集诞生的区域。核球中聚集着银河系诞生时便存在的古老恒星，其中心有一个质量是太阳几百万倍的超大黑洞"人马座 A*"。

银河系总质量估计是太阳质量的 12600 亿倍，直径约 10 万光年。假设太阳系的直径是 1 毫米，那么银河系就有 65 千米那么大

太阳系

Q 行星为什么都是圆的？

A 所有物体都有引力，物体质量越大，引力越强。行星大小的物体都具有很强的引力，能够将其表面特别突出的部分抚平，所以行星自然就会形成球状。地球上最突出的部分是珠穆朗玛峰（海拔 8848 米），超过这个高度的东西会自然崩塌。反观小行星，它们不具备改变自身形状的强大引力，所以大多呈不规则形状。但行星由于自转，赤道附近尤其受到离心力的影响，稍稍突出，所以严格来说，行星是椭球体。

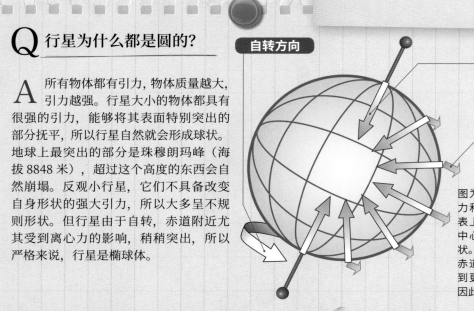

自转方向

引力

离心力

图为作用在地球上的引力和离心力。引力将地表上所有的物体向地球中心牵引，地球成为球状。同时，地球由于自转，赤道附近比其他地方受到更强的离心力作用，因此成为椭球体

巨大撞击与月球诞生

46 亿年前—45 亿年前

[冥古宙]

冥古宙是指 46 亿年前—40 亿年前的时代。地球在这个时代诞生，并形成了地壳、海洋等基本构造。这一时期基本上没有留下什么地质学上的证据，因此至今仍有很多未解之谜。

第 37 页　图片 /123RF
第 38 页　图片 / 土屋明
第 41 页　插画 / 月本佳代美
第 43 页　插画 / 斋藤志乃
第 45 页　插画 / 月本佳代美
第 46 页　图片 / 斯托克特雷克图片公司 / 阿拉米图片
　　　　　图片 /aja.inc
　　　　　插画 / 真壁晓夫
第 47 页　图片 / 产业经济新闻社
　　　　　图片 /Aflo
第 49 页　图片 /PPS
第 50 页　图片 /PPS、PPS
第 51 页　图片 /PPS
　　　　　图片 / 美国国家航空航天局 / 喷气推进实验室
　　　　　插画 / 真壁晓夫
第 52 页　图片 / 埃里克·卡尔 / 阿拉米图库
　　　　　插画 / 真壁晓夫
　　　　　图片 /Aflo
第 53 页　插画 / 真壁晓夫
　　　　　图片 /PPS
第 54 页　插画 / 真壁晓夫
　　　　　图片 / 牧野淳一郎 (东京工业大学地球生命研究所)
第 57 页　图片 /PPS
　　　　　插画 / 真壁晓夫
第 58 页　插画 / 真壁晓夫
　　　　　图片 / 神奈川县立生命之星，地球博物馆
　　　　　图片 /Aflo
第 59 页　图片 / 卡万 / 阿拉米图库
　　　　　图片 /PPS
第 60 页　图片 /Aflo、Aflo
　　　　　插画 / 真壁晓夫、真壁晓夫
　　　　　图片 / 朝日新闻社
第 61 页　图片 / 田村洋一 / 科尔维特图片社
　　　　　图片 /123RF
第 62 页　图片 / 阿玛纳图片社
　　　　　图片 /Aflo
　　　　　图片 / 猪濑秀夫 / 科尔维特图片社
　　　　　图片 / 田中工作室 / 科尔维特图片社
第 63 页　图片 / 朝日新闻社、朝日新闻社
　　　　　图片 / 北九州市立自然史·历史博物馆
　　　　　图片 /Aflo
　　　　　图片 / 法新社 - 时事社
　　　　　图片 /Westend61 有限公司 / 阿拉米图库
　　　　　本页其他图片均由 PPS 提供
第 64 页　图片 / 美国国家公园管理局
第 65 页　图片 /Aflo
第 66 页　图片 / 美国国家航空航天局 / 哥达德太空飞行中心 / 亚利桑那州立大学
　　　　　图片 / 日本宇宙航空研究开发机构
第 67 页　图片 / 美国国家航空航天局 / 喷气推进实验室
　　　　　图片 / 联合图片社
　　　　　插画 / 真壁晓夫
第 68 页　图片 /Aflo
　　　　　图片 / 国家地理图片集 / 阿拉米图库
　　　　　图片 /PPS

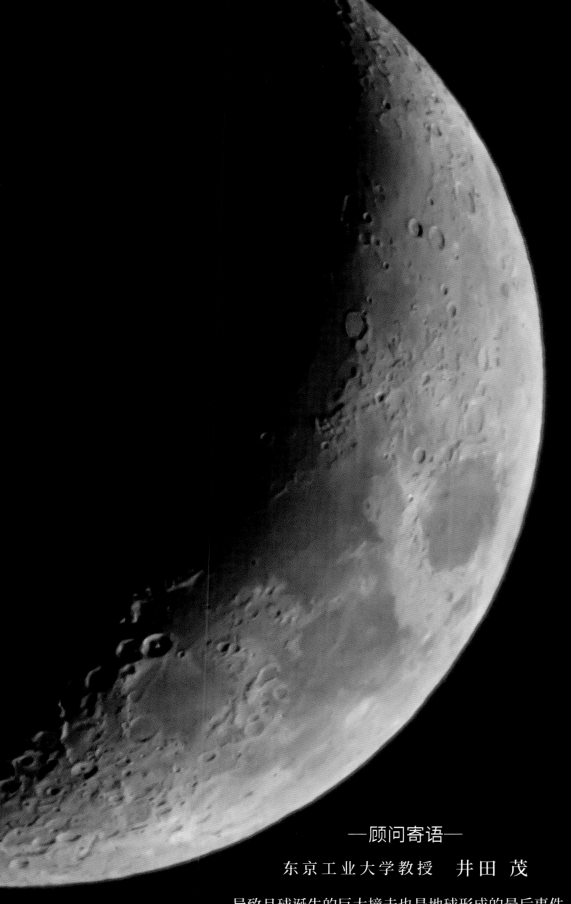

—顾问寄语—

东京工业大学教授　井田　茂

导致月球诞生的巨大撞击也是地球形成的最后事件。

"大碰撞"产生的月球，由和地球的地幔相同的物质构成，

此时的月球与地球一样，也被岩浆海所包围。

了解月球的形成，对于了解冥古宙事件以及太古宙时期生命的起源至关重要。

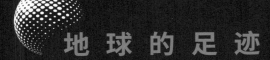
由 地 球 产 生 的 星 球

地球唯一的卫星是离地球最近的天体，即月球。月球自
身不会发光，通过反射太阳光来照亮地球的夜晚。它是
在距今大约 46 亿年前—45 亿年前，由地球和原始星撞
击而形成的。月球可以说是地球的分身，也是迄今人类
涉足的唯一一个地球以外的星球。

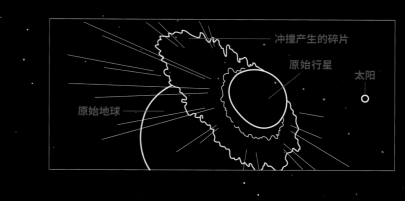

冲撞产生的碎片

原始行星

太阳

原始地球

43

岩浆海

地球曾经是火红的星球

地球并不是从一开始就像现在这样郁郁葱葱、充满魅力的。刚诞生不久的原始地球，是个表面被黏稠的岩浆所覆盖、烧得遍体鳞伤的天体。

穿越"灼热时代"的地球

地球最初是来自围绕在太阳四周的尘土和空气，然后变成小块的微行星、原始行星，最后才成为一颗行星。然而，地球最初的模样是当今人类无法想象的。

现在的地球因为其瑰丽的景色，有"水之行星""奇迹星球"等美名，殊不知它经历了许多苦难，其中之一就是"灼热时代"。

46亿年前诞生的原始地球，每天都和几十个甚至上百个微行星发生碰撞。每次碰撞之后，地球都和微行星合体，越变越大。撞击时产生的巨大能量将地球表面熔化，导致整个地球的表面成了岩浆的海洋，到处是旋涡，岩浆的浪花四溅，一派恐怖的景象。

这地狱般的景象叫作岩浆海。当时地表的温度高达1200摄氏度。人们常常以为地球一直拥有可以孕育生命的稳定的气候和环境。其实在它46亿年的生命旅程里，有过好几次这样动荡的时代，其中岩浆海时期是最为激烈的。

1200摄氏度！这谁受得了啊？

岩浆海模拟图

以超过音速的速度不断撞击地球的微行星带来了可以熔化岩石的高温,导致整个原始地球被岩浆所覆盖,岩浆散发出的厚厚热气又覆盖了整个天空。如今生活在"水之行星"上的我们,是无法想象地球当时的模样的。

现在
我们知道！

**地球是因为热和大气
而变得黏糊糊**

源源不断倾泻而来的微行星[注1]产生的撞击，导致整个原始地球被岩浆海所覆盖。在厚重的大气层下，如太阳般炽热的岩浆在地表上蔓延。因为岩浆融化掉了所有的物质，这一时期没有留下任何地质学上的痕迹。但岩浆海的存在却可以通过计算微行星冲撞所带来的影响等得到证明。

冲撞产生的热量不是很快就会消失吗？

在太阳刚开始发光不久的原始太阳系里，飘浮在宇宙空间里的尘埃组成的微行星通过不断的撞击和融合形成了几个原始行星，地球就是其中之一。

地球还比较小的时候，即使不断和微行星发生碰撞，也因为引力不够导致冲撞速度不快，产生不了岩浆。等到地球成为现在的三分之一大小，即半径 2000 千米左右时，撞击速度超过每秒数千米，撞击瞬间产生几千摄氏度的高温，使得地表和微行星瞬间熔化。我们知道冲撞产生的热量很快就会消散，地球要达到岩浆海的状态，还需要现在地球上到处存在的一样东西——大气[注2]。

微行星的撞击产生了原始大气

地表和微行星发生液化时，岩石里的一些成分以气体的形式喷射出来，这一现象叫作"去气"。气体逐渐在地表累积，最终形成了原始大气。这一时期的大气里基本没有氧气，大部分由水蒸气和二氧化碳构成，我们如果吸入，恐怕会立即死亡。

水蒸气和二氧化碳是典型的温室气体[注3]，造成当今全球变暖。由于这些温室气体，到 2005 年为止的 100 年间，地球的平均气温上升了 0.7 摄氏度。原始地球上也发生了温室现象，且其规模远非当今的温室现象可比。气温突破了岩石 800 摄氏度～1200 摄氏度的熔点，地表的一切都被熔化，岩浆海在原始地球上蔓延开来。

阻止地球升温进程的也是原始大气

水蒸气非常容易溶于岩浆，因

尼拉贡戈火山的喷发口

刚果民主共和国的尼拉贡戈火山是世界上最活跃的火山之一。这里是目前地球上少数几个可以看到火山喷出岩浆的地方。

文明与地球

火山信仰

岩浆是佩雷女神的眼泪？

自古以来，喷到地面上的岩浆一直被神化。据说位于夏威夷岛的基拉韦厄火山里居住着一位叫佩雷的女神。佩雷非常任性，每次发脾气都要喷火，是一位让人又爱又恨的女神。每当火山喷发时，当地的人们都会又怜又爱地议论："谁又惹到我们的佩雷女神了？"

至今当地仍有将佩雷女神喜欢的东西供奉在火山口以平息她怒气的习俗

地球上的岩浆海是怎样形成的？

半径 1000 千米的原始地球

这一时期的原始地球引力还比较弱，所以微行星冲向地球的速度比较慢，地表不会因此熔化。

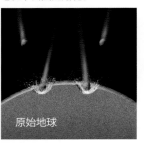

原始地球

半径 2000 千米的原始地球

随着地球引力的增强，微行星冲撞地球的速度加快，地表开始熔化。熔化的岩石散出水蒸气和二氧化碳。

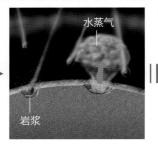

水蒸气

岩浆

半径 3000 千米的原始地球

随着水蒸气和二氧化碳的累积，原始大气开始形成。它锁住了散发到宇宙的热量，使地球气温上升。

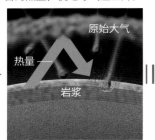

原始大气

热量

岩浆

岩浆海的形成

气温超过岩石的熔点，地球成为岩浆的海洋。气温大约在 1200 摄氏度左右时稳定了下来。

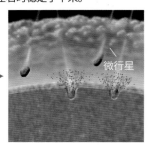

微行星

火山气体与原始大气极为相似

火山气体中，90%以上是水蒸气和二氧化碳等物质，这和微行星撞击原始地球时产生的气体非常相似。照片是2012年的樱岛火山。从2010年开始，该火山连续3年每年喷发900多次，释放出大量的火山气体。

早期的地球就像超高温桑拿房啊！

此随着岩浆海的出现，大量的水蒸气溶入岩浆。温室效应减弱，气温随之下降，岩浆海逐渐缩小。然而，微行星连续撞击所产生的水蒸气又使岩浆海扩大，水蒸气溶于岩浆后又造成岩浆海收缩，如此反复。研究表明，在这个反复过程中，气温稳定在1200摄氏度上下。

后来，微行星在太阳系的各个位置发展成原始行星。地球受到的冲撞开始减少，地表温度逐渐下降。有学者认为这个时期岩浆海开始降温变硬，水蒸气化作水形成海洋。但不久后由于原始地球和原始行星碰撞，海洋消失了，这样的碰撞发生数次，每次都形成了岩浆海。覆盖地表的火红岩浆是原始地球成长的证据，更是蓝色地球诞生不可或缺的因素。

科学笔记

【微行星】 第46页 注1
这种小天体存在于原始太阳系里，直径从1千米到数百千米不等。它们由飘浮在宇宙空间里的尘埃构成，据说原始太阳系里曾经有100亿颗微行星。微行星融合后成为原始行星，是行星的前身。

【大气】 第46页 注2
覆盖在行星表面的气体层。现在地球的大气层由大约78%的氮气、21%的氧气及少量二氧化碳、氩气等组成。存在于原始大气里的二氧化碳通过溶入海洋等方式逐渐减少。

【温室气体】 第46页 注3
指通过吸收红外线产生温室效应的气体。通常地球散发出的热量会被排放到宇宙空间，但温室气体却将热量罩住，从而导致地球气温的上升。除了水蒸气和二氧化碳，甲烷也是温室气体之一。

地球 进 行 时 ！

二氧化碳是好东西还是坏东西？

目前公认二氧化碳的增加是全球变暖的主要原因。气温的上升会导致环境变化，气候异常，对动植物也有不良影响。然而，二氧化碳也是地球生命不可或缺的物质。现在地球的平均气温是15摄氏度左右，这是包含了二氧化碳的大气所形成的温室的缘故。如果没有这个"温室"的话，地球的平均气温将降到零下18摄氏度。

在浮冰上狩猎的北极熊。全球变暖造成冰川融化，北极熊濒临灭绝

月球的诞生

原来月亮是地球意外得来的"孩子"啊！

大碰撞产生的月球

总是跟着地球转、将宁静的月光投向地球的月球，这个自古以来使人们为之倾倒的星球，是在地球形成的最后阶段，地球和原始行星发生大碰撞后产生的。

地球以外人类唯一涉足的星球

不断和原始行星发生大碰撞的原始地球，终于迎来了最后一次碰撞。这次碰撞除了将原始地球变成现在地球的大小之外，还给地球留下一个礼物，即地球唯一的卫星——月球。

人类自古以来就对月亮抱有极大的兴趣。旧石器时代，人类将月亮的阴晴圆缺刻在兽骨上，制作成世上最早的日历。从日本神话里的月夜见尊到希腊神话里的塞勒涅，月亮之神出现在世界各地的神话故事里，这也表明人们对月球抱有各种各样的想象和愿望。

人类想要了解月球的愿望终于转化为 20 世纪的阿波罗计划。通过实施这一计划，人类踏上了月球，并对从月球带回的大量样本进行研究，陆续探明月球的年龄、物质组成等本质问题，但至今仍有一个不解之谜——月球是如何从"大碰撞"中产生的？人类正致力于解开这个最大的谜团。逐渐展现真面目的"大碰撞"过程，是从现在静悄悄的月亮身上无法想象的壮观一幕吧！

诞生后不久的月球
由"大碰撞"产生的月球模拟图。现在的月球位于距离地球大约38万千米的地方，然而诞生不久的月球距离地球只有大约2万千米。如果从被岩浆覆盖的地球眺望，当时的月球面积应该约是现在月球的400倍吧！

月球的诞生

阿波罗计划里的月球勘测

阿波罗计划最大的成果之一是带回了重达 382 千克的月球岩石。通过这些岩石，可以了解到肉眼无法观测到的详细信息。照片是阿波罗 15 号在舱外活动中第一次使用月球车。使用这辆车使得人类在较大范围内采集到了 77 千克月球岩石。

创世岩石

这是阿波罗 15 号带回的一块月球岩石。它在所有带回的月球岩石中历史最为悠久，大约诞生于 45 亿年前。这也证实了月球在地球诞生之初就存在的事实。

现在我们知道！

月球的诞生使地球有了生命

月球的直径约为 3500 千米，大约为主星[注1]地球直径的四分之一。然而在太阳系的众多卫星当中，月球算得上是比较特殊的一个，因为它相对于主星来说体积非常之大。拿太阳系中最大的卫星——木卫三[注2]来举例，它的直径约为月球的 1.5 倍，但大小只有主星木星的 1/27 左右。

那么像月球这样的卫星在诞生过程中一定有什么特别的事情发生吧。为了解开这一谜题，世界上出现了各种关于月球起源的说法。然而随着阿波罗计划[注3]对月球进行研究，这些说法都被否定了。迄今为止最有说服力的观点出现在 20 世纪 80 年代。美国亚利桑那大学的威廉·哈特曼等人提出"大碰撞说"，认为月球是原始地球和原始行星发生大碰撞的产物。

月球的诞生"成就"了地球

太阳形成数千万年后，不断和原始行星发生碰撞的原始地球的体积已经达到了现在的 90% 左右。水星和金星已经形成，最初二十几

有研究表明，地球只有 5%~10% 的概率出现像月球这样的卫星。

文明与地球 关于月亮和女性之间的民间信仰

月亮会扰乱人心吗？

由于月亮的盈亏和女性的生理周期一致，所以民间有很多关于月亮和女性的民间信仰。世界各地都流传着女性不能看月亮的禁忌。在欧洲，人们甚至相信月亮是女性的第一任丈夫，每当满月时，女性的心智会受其左右。现在也有类似的传言，即在满月的夜晚，无论男女，情绪不稳定的人都会比平时多一些。

这是一幅 17 世纪的画作，描绘灵魂被月光俘虏的女性们，现收藏于巴黎卡那瓦雷博物馆

支持"大碰撞"的多项证据

月球的特性和特征在各种调查中得以明确，这些都成了月球产生自"大碰撞"的有力证据。

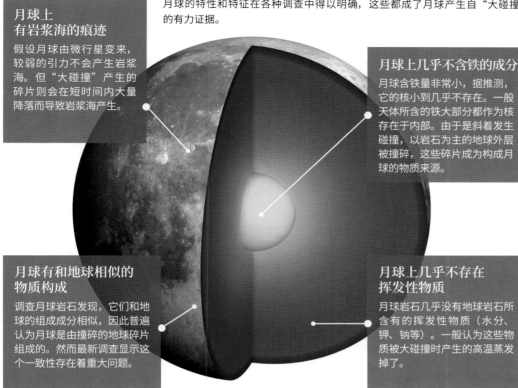

月球上有岩浆海的痕迹

假设月球由微行星变来，较弱的引力不会产生岩浆海。但"大碰撞"产生的碎片则会在短时间内大量降落而导致岩浆海产生。

月球上几乎不含铁的成分

月球含铁量非常小，据推测，它的核小到几乎不存在。一般天体所含的铁大部分都作为核存在于内部。由于是斜着发生碰撞，以岩石为主的地球外层被撞碎，这些碎片成为构成月球的物质来源。

月球有和地球相似的物质构成

调查月球岩石发现，它们和地球的组成成分相似，因此普遍认为月球是由撞碎的地球碎片组成的。然而最新调查显示这个一致性存在着重大问题。

月球上几乎不存在挥发性物质

月球岩石几乎没有地球岩石所含有的挥发性物质（水分、钾、钠等）。一般认为这些物质被大碰撞时产生的高温蒸发掉了。

科学笔记

【主星】 第50页 注1
是指卫星或人造卫星以其为公转基点的天体。地球的主星是太阳，月球的主星是地球。此外，连星（两颗恒星围绕着共同的重心进行公转）中比较明亮的恒星也被称为主星。

【木卫三】
第50页 注2
由伽利略·伽利雷发现的木星卫星之一。直径有5268千米，比水星还大，表面覆盖着厚厚的冰层。这样的卫星围绕着木星公转，成为日后伽利略赞成日心说的一个契机。

伽利略探测器拍摄到的木卫三

【阿波罗计划】 第50页 注3
1960年到1972年，由NASA实施的载人登月任务。该计划到阿波罗17号为止一共成功登月6次，并将12名宇航员送上了月球。迄今为止，阿波罗计划是人类踏上地球以外天体的唯一案例。

个原始行星基本消失，只剩下一个原始行星徘徊在原始地球的公转轨道注4附近。

原始地球和这个原始行星在反复多次的接近背离之后发生了激烈的碰撞。这次碰撞向宇宙空间抛出了大量的碎片。一方面，碎片像土星光环一般聚集在原始地球的周围，开始了融合过程。之后只过了一年，月球就诞生了。另一方面，原始地球通过这次碰撞变成了现在的大小。可以说，这次形成月球的碰撞是宣告地球形成的大事件。

碰撞的"角度"产生了月球

虽然都经历了类似的碰撞，太阳系的其他行星却没有形成像月球这样的卫星。人们认为，解开只有地球拥有月球这个谜题的关键，是原始行星碰撞的角度。通过计算机模拟实验可以看出，如果原始行星从正面撞击，整个原始行星会和原始地球融为一体。另一方面，如果偏离中轴线，从稍微倾斜一点的角度撞上来的话，一部分的碎片将会弹到宇宙空间，不发生融合。据推测，原始地球发生的大碰撞就是在这个倾斜角度上发生的。

弹到宇宙空间的碎片因为碰撞时产生的热量，上面的水分等挥发性物质都被蒸发掉了。而且因为是斜着发生撞击，碎片的主要成分为天体表层几乎不含铁的岩石。月球主

观点 ⟳ 碰撞

不断变迁的月球起源说

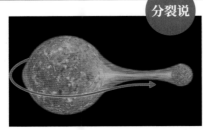

分裂说

认为地球的一部分通过飞快自转"飞了出去"，从而产生了月球。它由达尔文注5的儿子——乔治·霍华德·达尔文提出。现在证实这一学说有物理学方面的一些不切实际的因素。

捕获说

这是流行于20世纪60年代的说法，认为在太阳系的某个角落诞生的月球来到地球附近后被地球引力俘获，成了地球的一颗卫星。该说法由于无法说明月球被俘获时如何控制住速度而被否定。

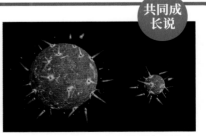

共同成长说

这是流行于20世纪70年代的说法，认为在地球还在不断发展的微行星时期，月球就在地心轨道诞生了。该说法由于无法解释为什么月球上缺少铁和挥发性物质而失去了支持。

月球的诞生

◻动态的潮汐

潮汐落差根据地理位置的不同有所差异，就日本而言，太平洋沿岸有1.5米的落差，而日本海沿岸只有40厘米左右。世界上潮汐落差最大的地方位于加拿大东南部的芬迪湾。潮汐的周期和海浪进出海湾的周期一致，引起共振现象，使得潮汐落差可以达到16米，相当于4层楼高。

芬迪湾涨潮时分
东西跨度大约300千米的芬迪湾里有许多小型的内湾。上图为涨潮幅度特别大的明纳斯湾。

芬迪湾落潮时分
潮汐退掉之后行人可以行走。据说大约半天时间就有1150亿吨的海水进出明纳斯湾。

要由岩石构成，并且几乎不含水分等挥发性物质，因此被推断为是这次大碰撞的产物。

如果月球没有诞生，地球就是一颗死的星球？

作为一颗超级大卫星，月球的极大引力开始对地球产生各种各样的影响。大碰撞发生不久后的地球，以5小时到6小时一周的极快速度进行自转。后来地球上出现了海洋，月球的引力又引发潮汐[注6]变化。每当涨潮的时候，海水的流动和海底产生摩擦，相当于对地球的自转踩下刹车，即减缓了自转的速度。每次"刹车"所减缓的速度非常微小，但46亿年持续不断，终于形成了现在的一天24小时。

有学说认为，地球上生命的繁荣也是从有了月球之后开始的。因为月球的引力使地球的自转轴[注7]固定下来，从而形成稳定的气候。如果没有月球的话，受其他行星的影响，地球的自转轴会发生周期性的倾斜。有时赤道甚至会移到北极或者南极附近，这种频繁的气候变化会导致陆生生物很难出现。

由原始行星从某个角度"碰巧"撞出的月球，也碰巧决定了地球的命运。

◻没有月球的地球，自转轴会大幅度倾斜

多亏月球，地球的自转轴稳定在了23.5度。火星由于没有类似于月球的卫星，自转轴在10度到60度之间变动，如果地球的自转轴也这么变动，地球将面目全非。

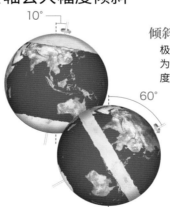

倾斜10度时地球的样子
极地的日照量减少，变得更为寒冷。而赤道附近的低纬度区域则变得更为炎热。

倾斜60度时地球的样子
极地的日照量增加，引起冰块融化。另一方面，赤道附近有可能发生冰冻现象。

科学笔记

【公转轨道】 第51页注4
指天体围绕主星旋转的轨迹。地球的公转轨道是指地球绕太阳一周的轨迹。

【达尔文】 第51页注5
查尔斯·罗伯特·达尔文(1809—1882)，英国生物学家。22岁时乘贝格尔号开始历时5年的环球航行，在世界各地观察到丰富的动植物种类，并由此提出进化论。

【潮汐】 第52页注6
由月亮和太阳的引力引起的海水水位的变动。月亮每24小时50分钟升上天空一次，海平面大约每6个小时发生1次涨潮，再过6小时发生1次落潮。当月亮和地球、太阳处于同一条直线时，月亮和太阳的引力叠加在一起，造成最大的潮汐落差，这就是大潮，通常发生在新月或者满月的时候。

【自转轴】 第52页注7
天体自转时的假想回转轴。地球的自转轴有23.5度的倾斜，月球的引力使其不容易发生变化。但众所周知，地球每经过4万年左右会发生1度左右的倾斜。这种变化被认为是地球循环发生冰期的原因之一。

杰出人物

月球为牛顿最大的发现做出了贡献

发现万有引力被认为是牛顿最大的成就。当时人们普遍认为行星等天体的运动规律跟地球上的物体是不一样的。而牛顿则从所有物体都遵从相同的运动规律这一点出发，发现任何物体都相互吸引，即万有引力。通过计算把月球留在轨道上所需的力，确认了地球引力对月球的影响。据说这给了牛顿发现万有引力的灵感。

物理学家
艾萨克·牛顿
（1642—1727）

"大碰撞说"一定正确吗?

组成月球的物质到底是从哪里来的?

月球的形成源于"大碰撞"——这一学说在近 20 年里被广泛接受。这一说法是在 20 世纪 70 年代末，根据阿波罗计划的汇总数据被提出来的。这些数据显示，月球是由相当于地球地幔部分的岩石构成的。为了解释这一特殊的性质，人们提出了一个在当时可以说是荒诞无稽的说法，即月球是由一个地球直径一半大小（和火星差不多大）的天体斜着撞上地球后产生的碎片形成的。

在 20 世纪的最后 10 年里，随着模拟微行星聚集形成地球型行星实验的发展进步，人们发现地球与火星大小的天体冲突并不是荒诞无稽的说法，而是发生概率很高的事件。后来随着在实验中模拟撞飞的碎片形成一个大卫星的过程的成功，"大碰撞说"作为月球形成的权威观点被人们所接受。

然而，随着模拟实验精确度的提高，

■ 同位素比值测定仪

可以计算出元素质量和同位素比值。通过同位素的比值，人们可以了解到物质的起源和变迁，因此该设备对于行星学、地质学和古生物学等广大领域来说是必需品。

■ 解开矛盾的关键在于发生碰撞的原始行星的大小吗?

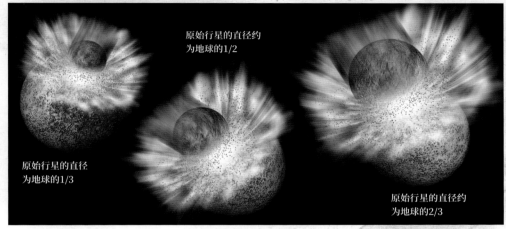

原始行星的直径约为地球的 1/2

原始行星的直径为地球的 1/3

原始行星的直径约为地球的 2/3

如果原始行星为一般我们所说的火星大小的话（直径为地球直径的一半），形成月球的碎片将主要来自原始行星。当原始行星的体积大小不一时，碎片可能主要来自地球。

可知在这场想象的冲撞中，作为月球组成物质的大部分碎片并非来自地球，而是来自撞向地球的天体的地幔。

模拟实验的结果和事实相矛盾

月球岩石的氧同位素的比例和地球上的该数值是完全一致的。一般认为同位素的比例是不会发生化学变化的，因此不同的天体有不同的数值。如果月球的组成物质不是地球而是撞向地球的天体的话，那氧同位素比值的一致就很奇怪了。光是氧同位素比值的话，有人会说可能是碰撞时岩石蒸发混入的元素。

然而，近年来人们用最新技术重新分析了阿波罗计划带回的月球岩石，发现地球和月球不仅是氧同位素比值，其他所有元素的同位素比值都是相同的。这一结论和"大碰撞"模型相矛盾。

现在，人们开始重新对大碰撞的模型进行检测。除了调整撞向地球的天体的大小和碰撞速度、碰撞前地球的状态等参数外，也许还需要重新思考"碰撞形成月球"这一观点本身。实际上，以"大碰撞说"的研究为契机而产生的新"分裂说"这种复古模型也已经开始出现。

月球形成于地球形成的最后阶段，这意味着关于地球是如何形成的探讨也得重新开始了。

井田茂，1960 年生于日本东京。东京大学研究生院理学系研究科地球物理学博士。从事探明行星系形成过程的研究。2007 年获日本天文学会林忠四郎奖。著有《异形行星 从系外行星形成理论谈起》（NHK 出版）等。

科技发现

描绘出月球诞生轨迹的超级计算机

1980年由东京大学开发的GRAPE超级计算机模拟了月球诞生的过程。飘浮在宇宙空间的碎片，相互之间都有引力的影响，要模拟出它们的动态需要巨大的计算量。GRAPE划时代的突破点在于它是专用计算机，将重力计算和其他计算区分开来，可以高速计算单一但数量极多的重力，实现了之前无法进行的模拟实验。

在模拟月球起源过程中立了大功的GRAPE-4，其后续机型至今仍活跃在世界各大研究机构

3. 碰撞发生大约一周后

碎片由于重力的吸引加上公转的效果，开始在环里形成旋涡。在洛希极限附近的碎片被内侧的旋涡推到洛希极限之外，开始融合。月球的种子就这么诞生了。

4. 碰撞发生大约两周后

月球的种子继续在洛希极限的边缘吸收里面飞出的碎片，快速成长。同时碎片形成的环开始逐渐变薄。

月球的种子
较大的碎片引力也较强，会通过吸收其他碎片使自己变大。碎片以月球种子为中心聚集起来，月球就这样诞生了。刚开始月球的样子像小行星，直径超过10千米后，由于自身的重力才开始变圆。

5. 碰撞发生大约一个月后

月球的种子持续不断地和碎片发生融合，仅用了一个月的时间就形成了90%的月球。残留在各个角落的碎片最终要么跟地球要么跟月球发生碰撞，逐渐消失。

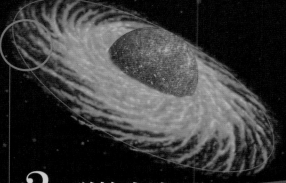

月球的诞生

原理揭秘

月球诞生前的一年

"大碰撞说"因为能解释月球缺少铁元素和水分等特征，是一个非常有说服力的假说。人们在通过地球化学途径证明这个假说的同时，也一直在推进计算机模拟实验，即假设原始行星撞向了原始地球，然后计算出碎片的动向。这里我们以东京工业大学和日本国立天文台合作实施的火星大小的原始行星撞向地球的模拟实验为原型，来一探月球的诞生过程吧！

2. 碰撞发生两天后

这些碎片由于地球重力的吸引，像土星环似的围绕在地球四周，开始旋转。碎片大部分来自构成天体外侧的岩石，所以几乎不含铁等金属元素。

洛希极限

卫星如果靠主星太近的话，主星的引力会超过卫星的重力，造成卫星的解体。卫星靠近主星到不被解体的最近距离称作洛希极限。月球与地球之间的洛希极限大约为18000千米，月球就是在这一极限外形成的。

1. 发生大碰撞

在地球大约为现在的90%大小时，一颗火星大小的大型原始行星撞向了它。通过这次碰撞，地球成了现在的规模。同时，由于碰撞发生在偏离地球中心的地方，使得大量被撞出的碎片飞到宇宙空间里。

6. 碰撞发生大约一年后

在离地球2万千米的地方，月球诞生了。它跟现在的月球虽然大小一样，但表面的样子却不同。作为月球显著特征的环形山，还要在之后经历漫长的岁月才会形成。

月球

直径：大约为地球的1/4
质量：大约为地球的1/81
重力：大约为地球的1/6
日间温度：110摄氏度（赤道附近）
夜间温度：零下170摄氏度（赤道附近）
※均为现在的数值

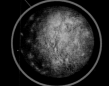

地核的形成

滚烫的铁核在地球中心形成

地核位于距离地表 2900 千米的深处。诞生于岩浆海时代的这颗地球的『心脏』，对地球成为拥有生命的星球有着重要作用。

大地之下深藏着灼热的铁

最后那次和原始行星发生的大碰撞，使地球又被岩浆海所包裹。这时如果从地面仰望星空，应该可以看到无数的碎片飘浮在宇宙之中，宛若一条长河横跨天际。一方面碎片互相碰撞，逐渐形成月球；另一方面，在岩浆海内部，另一个巨大的变化也开始发生：地球的心脏——地核开始形成。

即使用现代的科学技术，仍然无法涉足地球内部。人类挖过最深的洞穴位于俄罗斯科拉半岛的挖掘坑，深度也只有 12 千米。不过通过分析岩石和调查研究地震波，地球内部的大部分成分逐渐清晰起来。

地球的中心由固态的金属内核和液态的金属外核组成，地核的周围依次被地幔层和地壳层包裹。地球像洋葱一样，是由好多层组成的。

地核的出现给地球带来了巨大的变化。地核的热量引起地壳移动，使地表逐渐变成现在这个样子。此外地核后来产生的磁场，将地球变成一个生命可以繁衍生息的星球。此后地球上上演的精彩纷呈的生命史诗，都起源于地核的形成。

原来地核就是地球的引擎啊！那地震和火山活动就是引擎在工作咯！

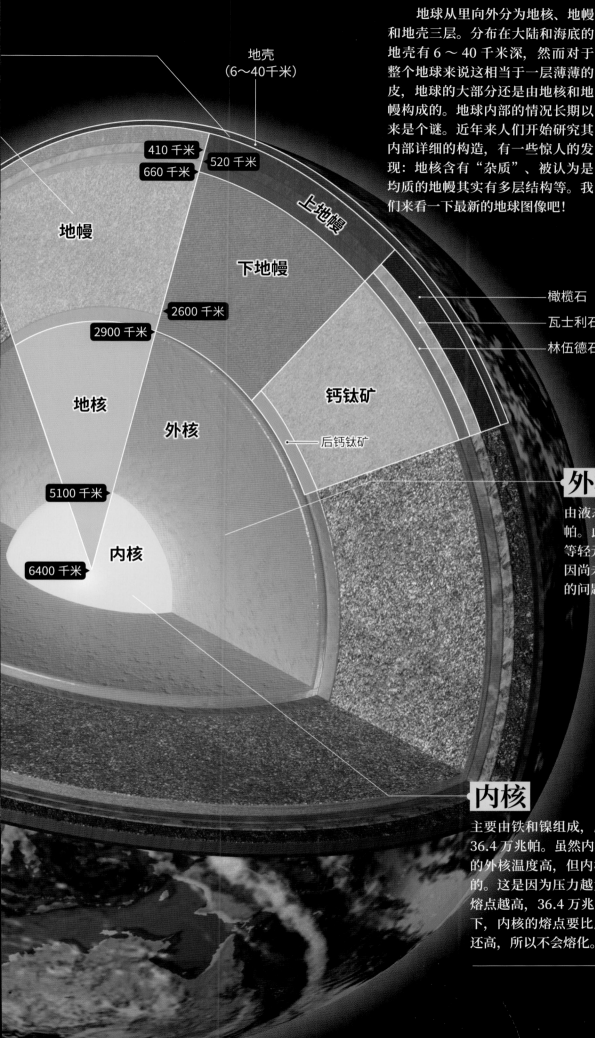

地球从里向外分为地核、地幔和地壳三层。分布在大陆和海底的地壳有 6 ～ 40 千米深，然而对于整个地球来说这相当于一层薄薄的皮，地球的大部分还是由地核和地幔构成的。地球内部的情况长期以来是个谜。近年来人们开始研究其内部详细的构造，有一些惊人的发现：地核含有"杂质"、被认为是均质的地幔其实有多层结构等。我们来看一下最新的地球图像吧！

地球史导航

地核的形成

原理揭秘

地球大解剖

地壳
（6～40 千米）

410 千米

520 千米

660 千米

上地幔

下地幔

地幔

2600 千米

2900 千米

地核

外核

5100 千米

内核

6400 千米

橄榄石

瓦士利石

林伍德石

钙钛矿

后钙钛矿

外核

由液态铁和镍组成，压力约为 24 万兆帕。此外含有 10% 左右的硅、硫和氧等轻元素。目前这些"杂质"存在的原因尚未解明，这是地球科学界极为关注的问题。

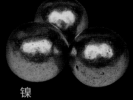

镍

化学性能较为稳定的一种金属，约占地核的5%。

内核

主要由铁和镍组成，压力约为 36.4 万兆帕。虽然内核比液态的外核温度高，但内核是固态的。这是因为压力越大物质的熔点越高，36.4 万兆帕的压力下，内核的熔点要比周围温度还高，所以不会熔化。

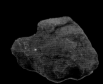

铁

地球上含量最高的金属，占地球重量的35%。

岩浆

| *Magma* |

火红的沸腾的岩石

岩浆根据温度和黏性的不同可分为多种。虽然我们无法看到地球内部的岩浆，但可以从涌出地表的熔岩或火山岩石来了解它们的性质。我们来看一下这些具有代表性的火山吧！

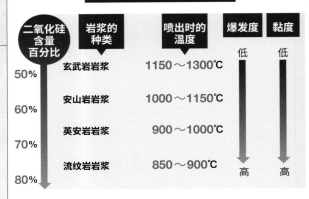

岩浆的分类

二氧化硅含量百分比	岩浆的种类	喷出时的温度	爆发度	黏度
50%	玄武岩岩浆	1150～1300℃	低	低
60%	安山岩岩浆	1000～1150℃		
70%	英安岩岩浆	900～1000℃		
80%	流纹岩岩浆	850～900℃	高	高

岩浆是地幔或地壳的岩石熔解后的物质，通过喷发以熔岩或者火山气体、火山灰等形式来到地面。岩浆的主要成分为二氧化硅，根据其含量从少到多分为玄武岩岩浆、安山岩岩浆、英安岩岩浆和流纹岩岩浆四类。此外还有主要由碳酸盐构成的碳酸盐岩岩浆等特殊岩浆。

【玄武岩岩浆/基拉韦厄火山】

| *Basaltic magma / Kilauea Volcano* |

这种岩浆由于没什么气体并且黏度很低，喷发时几乎不发生爆炸或形成火山灰流。基拉韦厄火山是喷发玄武岩岩浆的代表性火山，在过去30年间有大大小小50多次喷发记录。熔岩的流速可以达到每小时50千米。

数据

二氧化硅百分比	45%～52%
温度（喷出时）	1100～1180摄氏度
火山海拔	1247米
火山所在地	美国夏威夷州

玄武岩质地非常硬，在古希腊等国家被当作判断金子纯度的试金石来使用

【安山岩岩浆/樱岛】

| *Andesitic magma／Sakurajima* |

这种岩浆温度和黏性介于玄武岩岩浆和英安岩岩浆之间。关于它的形成有很多说法，比如是从玄武岩岩浆里分化出来的等等。日本的火山大约30%都是由安山岩岩浆形成的，因此樱岛火山喷发时会有火山弹、火山灰及火山气体抛出，并伴随巨大的爆炸。

数据

二氧化硅百分比	52%～62%
温度（喷出时）	约1000摄氏度
火山海拔	1117米
火山所在地	日本鹿儿岛县鹿儿岛市

樱岛的轻石。由上升途中起泡的岩浆凝固后形成

【英安岩岩浆/云仙普贤岳】
| Dacitic magma／Mount Unzen-Fugen |

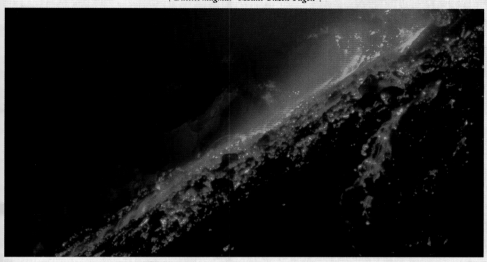

这种岩浆性质介于安山岩岩浆和流纹岩岩浆之间。岩浆所含的矿物质结晶进一步加大，使其富有黏性。因为几乎不具有流动性，所以容易形成巨大的岩浆源，喷发时会像云仙普贤岳那样产生剧烈的爆炸，引发大规模的火山灰流。

数据	
二氧化硅百分比	62%～70%
温度（喷出时）	900～1000摄氏度
火山海拔	1359米（普贤岳）
火山所在地	日本长崎县岛原半岛

形成熔岩穹的火山岩，上面无数的凹槽是火山喷发时空气被吸走的痕迹

云仙岳的熔岩穹

埃洛拉石窟寺庙群
古印度人对宗教的信仰
将岩浆形成的基岩雕成了寺庙

白垩纪末，玄武岩岩浆形成了现在的印度德干高原。坚固的玄武岩自古以来就被人们当作建筑材料，位于德干高原西部的埃洛拉石窟寺庙群是其中规模最大的建筑物之一。该寺庙群是佛教、印度教和耆那教的圣地，是人们仅凭凿子和锤子在厚厚的玄武岩岩盘上凿出来的。岩浆会以熔岩、火山气体和火山灰等各种各样的形态呈现，寺庙群的庄严形象是它向人们展示的新面貌。

34座寺庙里最为壮观的是克拉斯石窟，它也是世界上最大的石窟寺庙

【流纹岩岩浆/柴滕火山】
| Rhyolitic magma／Chaitén Volcano |

这种岩浆矿物质结晶比英安岩岩浆更丰富，黏度更高。喷发可以间隔1万年。2008年柴滕火山爆发，是人类第一次观测到此类火山喷发，喷发时发生了大规模的火山灰流，是最大规模的一次喷发。

将大地完全覆盖的火山灰，远处是露出的民宅屋顶

数据	
二氧化硅百分比	70%以上
温度（喷出时）	约900摄氏度
火山海拔	1122米
火山所在地	智利南部

【碳酸盐岩岩浆/伦盖伊火山】
| Carbonatite magma／Ol Doinyo Lengai Volcano |

碳酸盐岩岩浆以碳酸盐为主要成分，几乎不含二氧化硅。此类岩浆非常稀少，目前为止我们只看到伦盖伊火山有喷发。喷发时温度是500～600摄氏度，相对其他火山喷发温度较低，，流动性很高。岩浆特有的火红光芒非常弱，阳光照射下宛若重石在流淌。

数据	
二氧化硅百分比	几乎没有
温度（喷出时）	500～600摄氏度
火山海拔	约2960米
火山所在地	坦桑尼亚北部

一旦开始降温就会和空气发生化学反应，变成白色

🔍 近距直击
・・・

存在于地球诞生初期的特殊岩浆

特征是表面布满竖痕。这是仅存在于40亿年前—25亿年前的科马提岩岩浆的"化石"。其中镁的含量很高，大约需要1600摄氏度才能熔解，证明地球形成初期内部比现在热。

加拿大、南非和澳大利亚等古老的地层里找到的岩石

翻滚的岩浆是地球在呼吸

黄石国家公园

位于美国怀俄明州、蒙大拿州、爱达荷州等州，1978 年被列入《世界遗产名录》。

黄石公园是世界上首个国家公园，园内可以看到间歇泉、喷气泉、温泉和热泥泉等 1 万多个有热泉现象的景观。这一现象是由岩浆在地约 4800 米处剧烈运动引起的。在这里看到的各种各样的热泉现象，正是我们的地球母亲在大口呼吸的证明。

黄石国家公园里多姿多彩的热泉现象

间歇泉

热水和水蒸气等按照一定的时间间隔喷射出来，黄石公园里有 200 ～ 250 处间歇泉。

温泉

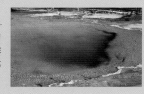

热水涌出的温泉，因为微生物或者氧化铁的作用呈现出红、橙、绿等多种色彩。

热泥泉

被岩浆加热的热水和泥等不溶性矿物质混在一起喷出来就成了热泥泉。

石灰棚

温泉里含有的碳酸离子和钙离子结合成碳酸钙，堆积成阶丘状的样子。

生命母亲：海洋的诞生

46 亿年前—42 亿年前

[冥古宙]

冥古宙是指 46 亿年前—40 亿年前的
时代。地球在这个时代诞生，并形成了
地壳、海洋等基本构造。这一时期基本
上没有留下什么地质学上的证据，因此
至今仍有很多未解之谜。

第 71 页　图片 /Aflo
第 72 页　图片 /PPS
第 75 页　插画 / 月本佳代美
第 77 页　插画 / 斋藤志乃
第 79 页　插画 /LIVE 有限公司
　　　　　图片 /PPS
第 80 页　图片 /J. 特林，多伦多大学（2009）
　　　　　图片 /Aflo
　　　　　图片 /PPS
第 81 页　图片 / 美国国家航空航天局约翰逊航天中心
　　　　　图片 / 美国国家航空航天局 / 喷气推进实验室 - 加州理工学院
　　　　　图片 / 日本蒲郡市生命之海科技馆
第 82 页　插画 / 真壁晓夫
　　　　　图片 / 美国国家航空航天局艾姆斯研究中心 / 喷气推进实验室 - 加州理工学院
第 83 页　插画 /R 工作室、R 工作室
第 85 页　插画 / 唐·狄克逊
第 86 页　插画 / 齐藤志乃
第 87 页　图片 / 小宫刚、小宫刚、小宫刚
　　　　　图片 /PPS、PPS
第 88 页　图片 / 朝日新闻社
　　　　　插画 / 加藤爱一
第 89 页　图片 / 井上志保里
第 91 页　插画 / 唐·狄克逊
　　　　　图片 / 阿玛纳图片社
　　　　　插画 / 真壁晓夫
　　　　　图片 / 阿玛纳图片社
第 92 页　图片 /C-MAP
　　　　　图片 /PPS、PPS
第 92 页　图片 / 日本神奈川县立生命之星，地球博物馆
　　　　　图片 / 小宫刚
　　　　　图片 /Aflo
第 94 页　插画 / 飞田敏
　　　　　图片 /Aflo
第 96 页　图片 /PPS
　　　　　图片 / 朝日新闻社
　　　　　图片 /123RF
　　　　　本页其他图片均由日本神奈川县立生命之星，地球博物馆提供
第 97 页　图片 / 朝日新闻社
　　　　　图片 /Aflo
　　　　　图片 /PPS
　　　　　本页其他图片均由日本神奈川县立生命之星，地球博物馆提供
第 98 页　插画 / 斋藤志乃
第 99 页　图片 /123RF
第 100 页　图片 /PPS
第 101 页　图片 /PPS
　　　　　图片 / 数字地球公司
第 102 页　图片 /Aflo、Aflo
　　　　　图片 /123RF

东京大学教授　田近英一

地球最大的特征就是海洋的存在。

海洋母亲为我们带来了生命。

水是生命活动不可或缺的物质，因此海洋和生命的存在息息相关。

像地球这样拥有海洋的行星只有位于宜居带（生命可能生存的宇宙空间）才能存在。

为什么地球上会有海洋呢？我们来一探究竟吧！

荒野里显露出的深海底部

地表的 70% 被海水覆盖，因此地球被称为"蓝色星球""水之星球""奇迹星球"……海洋自 46 亿年前—45 亿年前诞生，孕育了生命，并持续给了地球无可替代的各种恩惠。在非洲东部看到的这些错落不齐的"石塔"，是陆地上曾经离海底最近的地方。

地表　陨石

原始海洋

大降雨时代

地球上的第一场雨持续下了1000年

第一场雨落在黏稠的岩浆海覆盖的地表上。
我们来瞧一瞧朝着「水之星球」迈出第一步时的地球吧！

持续的降雨使地球表面布满了水

圆圆的地球在黑暗的宇宙空间中散发出蓝色的光芒。1972年，阿波罗17号的机组人员拍摄的一张照片首次将被光线照亮的地球表面完整清晰地记录了下来。人称"蓝色弹珠"的这张照片，可谓是世界上流传最为广泛的地球照片。"地球是有液态水存在的水之星球"，这张照片进一步加深了人们对于地球的这一印象。

那么，地球是从什么时候开始被海洋覆盖的呢？追溯海洋的起源，我们要回到被岩浆海覆盖的原始地球时代。在原始地球还被灼热的岩浆覆盖、内部开始形成地核的时候，地表和上空之间已经在做降雨的准备了。水分以水蒸气的形式构成了原始大气，等地球冷却下来，水蒸气便凝结成云，再变成雨降落到地表上。这之后就迎来了持续千年之久的大降雨时代。地球现存的14亿立方千米的水就是这些雨水的产物。

哎呀！那我的白外套和西装岂不是要湿透了？

**大降雨时代
地球的模样**

当时，地球大气层由二
氧化碳和水蒸气等组成，
非常厚。大雨下个不停，
被岩浆包裹的地球迅速
变冷凝固，地势低的地
方开始积聚起将要成为
海水的水洼。这是大降
雨时代地球的想象图。

🔍 近距直击

● ● ●

海水是从什么时候开始变咸的？

　　海水里包含了大部分地球上的化学元
素。除了构成水的氢和氧以外，最多的是氯，
其次是钠。海水之所以尝起来是咸的，就是
因为它里面溶解了大量的氯和钠（组成食盐
的成分）。这些元素是什么时候以何种形式
进入海水的呢？

　　46亿年前—45亿年前倾盆而下的大雨里
溶入了原始大气里的氯、硫等元素，因此是
强酸性的。这些雨水和地表的岩石接触后，
将岩石里的钠等元素溶解出来，使海水变咸。
也就是说，海水从诞生的那一刻起就是咸的。

人类自古以来就在利用海水里丰富的盐分。上图
拍摄于哥伦比亚加勒比海的马瑙雷盐田。人们利
用阳光的热量将海水蒸发，分离出盐

含有远古时代气体的气泡

这是从位于加拿大安大略省的矿山岩石里采集到的水，其中含有氢、甲烷、氦等各种气体。这些气体以气泡的形式冒出水面。

现在我们知道！

我们一起来探寻地球上水的起源

2013年5月，人们在加拿大安大略省的矿山岩石里发现了迄今为止最古老的水，据说已经有10亿年的历史。在对水中的稀有气体[注1]进行分析后，专家推测这些水为26亿年前—11亿年前的水。古老的岩石可以通过年代测定分析出是什么时候形成的，但对于水来说，找到远古时代的水本身已经很不容易，要测定它的正确年代更是困难，因此这个发现非常有价值。

地球上的水是从宇宙里降下来的

那么，地球上的水都是什么时候从什么地方来的呢？人们很早就把水的起源和海洋的起源关联起来进行研究。众说纷纭，当中最引人注目的是"碰撞去气模型"，该假说由日本科学家提出，条理清晰地对原始大气的形成、原始海洋的诞生过程进行了分析。

"碰撞去气模型"假设原始太阳系的无数颗微行星为地球带来了水。微行星碰撞地球时，其中的水分等挥发性成分去气[注2]，过程中产

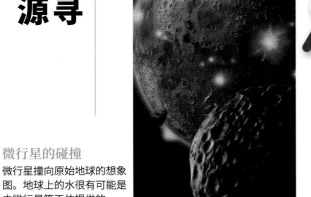

微行星的碰撞
微行星撞向原始地球的想象图。地球上的水很有可能是由微行星等天体提供的。

🔍 近距直击 · · ·

地球上的水太少了？

据说现在地球上有大约14亿立方千米的水，只占地球质量的0.023%。如果地球是由含水量百分之几的微行星组成，拥有的水应该比现在的更多，地表也会被水淹没。地球上的水是什么时候从哪里而来的？依然是个谜。

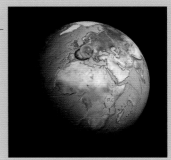

如果将地球上的水做成球体，如图所示，是非常小的

从宇宙空间中看到的地球
阿波罗 17 号机组人员拍摄的"蓝色弹珠"。
位于中心位置附近的是非洲南部和马达加斯加岛。

生的水蒸气成为地球大气的主要成分，之后变成雨降落到地球上，最终成为地球上的水。然而以碰撞去气模型为代表的各种地球上水的起源假说都不是定论，还存在争议。

从天而降的高温毒水

根据现在的行星形成理论，地球是通过和原始行星不断发生碰撞后形成的。最后一次大碰撞发生不久，地球被岩浆海覆盖，水分以水蒸气的形式存在于大气之中。地球内部，地核正在形成。地球表面，以水蒸气和二氧化碳为主要成分的大气（气压为 10 ～ 20 兆帕）也在上空聚集，形成了厚厚的云层。

地表温度下降时，上空的温度也随之下降，云层内集结的雨滴开始掉落。此时，地表依然是几百摄氏度的高温，雨滴还没到达地面就被蒸发了。随着地表温度逐渐下降，雨滴才得以在被蒸发之前到达地面。

这时的大气里，除了二氧化碳和水蒸气，还有氢、氮、硫化氢、氯化氢等。这些成分溶于水，使得雨水带有强酸性。此外，因为当时气压较高，雨水温度高达200 摄氏度。

尽管雨水很烫，但地表的温度更高，所以雨水令地表迅速冷却，大气的温度也迅速降低，带来了更多的降雨。雨水召唤来更多的雨水，整个地球都在下雨，地表被水所覆盖。据推测，地球上的第一场雨持续下了 1000 年之久，史称"大降雨时代"。雨停下来的时候，地球表面已经是一片汪洋——海洋诞生了。

雨水高达 200 摄氏度还是液态，那一定是因为当时的气压比现在高很多。

观点 ⇄ 碰撞

关于水的起源还有别的观点！

关于地球上水的起源，还有两种主流观点。

一种观点是，地球由完全不含水分的微行星形成 99% 之后，最后由少量含水的微行星集聚完成。这种情况可推测出跟现在的地球等量的水。比如最后的碰撞由类似碳质球粒陨石[注3]构造的微行星来完成就可以了。

另一种观点是，水分是由原行星盘里的气体提供的。有可能是原行星盘所含的氢气和原始地球的氧化铁发生化学反应后产生了水。

原始地球在形成过程中的确捕获了以氢气为主要成分的原行星盘气体。但从作为海水起源的指标氘氢比[注4]来看，现在的大海跟原行星盘气体的数据差异过大，因此无法断言这就是地球上水的起源。

原行星盘的气体
原行星盘的气体主要由氢和氦组成，有少量的固体微粒（尘埃）。

碳质球粒陨石
1969 年坠落在澳大利亚的默奇森陨石，含水量约为15%。

科学笔记

【稀有气体】 第80页 注1
氦、氖、氩、氪、氙、氡这六种元素的总称，都是无色无臭无味的气体。化学性质非常稳定，不容易发生化学反应。

【去气】 第80页 注2
行星内部的气体（挥发性成分）被排放出来的一种现象。微行星以超高速撞向原始地球时，其中的挥发性成分被排放出来的过程叫作"碰撞去气"。

【碳质球粒陨石】 第81页 注3
由岩石组成的陨石当中，含"球粒"的被称作球粒陨石。球粒陨石又分为普通球粒陨石和碳质球粒陨石，碳质球粒陨石含有较多的黏土矿物等物质，富含挥发性成分。

【氘氢比】 第81页 注4
通过和现在海水的氘氢比（D/H）相比较，可以发现原行星盘气体不到该数值的五分之一，而碳质球粒陨石的数值基本和该数值相同。

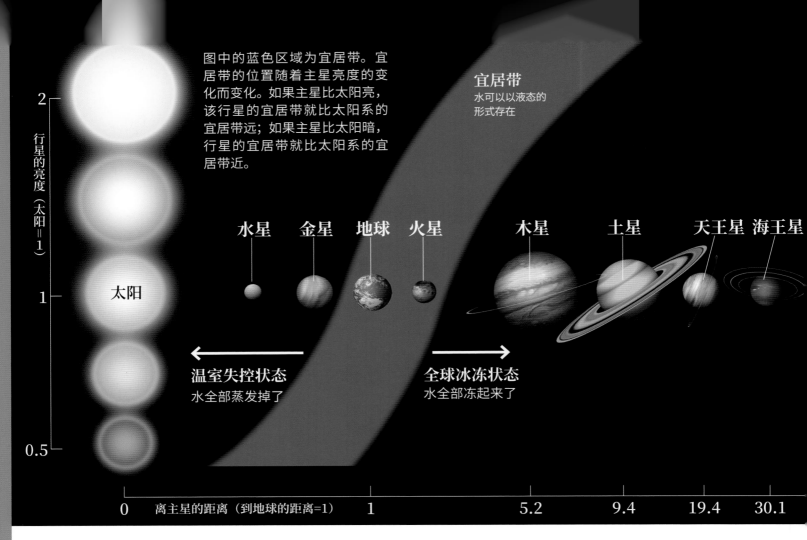

图中的蓝色区域为宜居带。宜居带的位置随着主星亮度的变化而变化。如果主星比太阳亮，该行星的宜居带就比太阳系的宜居带远；如果主星比太阳暗，行星的宜居带就比太阳系的宜居带近。

宜居带
水可以以液态的形式存在

水星　金星　地球　火星　　木星　　土星　　天王星　海王星

太阳

← 温室失控状态
水全部蒸发掉了

全球冰冻状态 →
水全部冻起来了

行星的亮度（太阳＝1）

2

1

0.5

0　离主星的距离（到地球的距离=1）　　1　　　5.2　　9.4　　19.4　　30.1

因为有水 而成了"奇迹星球"？

大气中的水蒸气变成雨降落到地上，仅仅过了 1000 年，地球就成了"水之行星"。地球是人类目前已知的唯一一颗有海洋和生物存在的星球，因此有"奇迹星球"的美名。但真正的"奇迹"并不只是水的存在。

第一个奇迹是地球诞生在距离太阳既不太近又不太远的地方。宇宙空间中，水可以以液态存在于行星表面的轨道范围被称作"宜居带"。宜居带的位置由该行星系的中心主星的亮度来决定。以太阳系为例，宜居带从靠近地球轨道的内侧开始，一直延展到火星轨道的外侧。地球"偶然"诞生在这个区域，水才能以液体形式存在。这的确称得上是奇迹。

另一个奇迹是地球大气发挥的作用。事实上，行星并不是只要位于宜居带就有液态水存在的。地球上曾经有过冰川期就是很好的证明。现在的地球之所以有液态水存在，是因为大气中的二氧化碳等充分发挥了温室效应。如果没有温室效应，地表温度会降到冰点以下，水就会结冰。因此温室气体二氧化碳的浓度很重要。火山活动、陆地和海洋调节着二氧化碳的浓度。

正是因为一个又一个的奇迹的叠加，液态水才得以一直存续，我们的星球才能被称作"奇迹星球"。

新闻聚焦

是发现有水和生命存在的行星了吗？

"开普勒 62f"的想象图，它是由探测系外行星的开普勒太空望远镜观测到的

2013 年 4 月，美国宇航局宣称他们发现了迄今为止和地球最为相似的系外行星"开普勒 62f"。它位于距离地球约 1200 光年的恒星"开普勒 62"的宜居带上，直径约为地球的 1.4 倍。这颗行星上可能有海洋和生物的存在。

拥有海洋的行星就是宜居的吗？

成为海洋行星
必须要有温室效应

我们将地表存在大量液态水的行星称为"海洋行星"。地球是人类已知的唯一一颗海洋行星。宇宙中很可能存在着无数的海洋行星。

有可能存在海洋行星的轨道区域被称作"宜居带"。宜居带内侧是所有水分都被蒸发掉的温室失控状态，宜居带外侧则是所有水都冻成冰的全球冰冻状态。液态的水只存在于宜居带中，所以地球当然就位于宜居带中。

不过反过来说，宜居带中的行星并不一定有海洋的存在。如果大气的温室效应不够的话，水会全部被冰冻成冰。地球曾经处于全球冰冻状态就是其证明。

地球之所以成了可居住行星，原因在于"碳循环"维持住了温暖湿润的气候。在宜居带诞生的行星，只有拥有维持长期大气温室效应的结构，才能成为适合居住的行星。

■海洋行星和全球冰冻行星

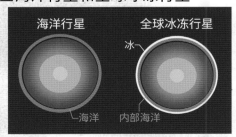

地表附近有大量水的行星，不是海洋行星就是全球冰冻行星。海洋行星拥有温暖湿润的环境，使地表上的海洋得以存在。而全球冰冻行星尽管地表上的水全部被封冻，但冰面下依然存在着内部海洋。不管是哪种行星，我们都应该注意它们的地表附近是否有液态水的存在。

■碳循环概念图

大气中的二氧化碳从地球内部经火山活动喷发出来，通过风化作用溶于地表的矿物，最终变成碳酸盐矿物沉淀到海里，我们称这种碳的流动为"碳循环"。碳循环系统可以防止全球变暖或变冷失控，使地球长期维持在一个温暖湿润的环境里。

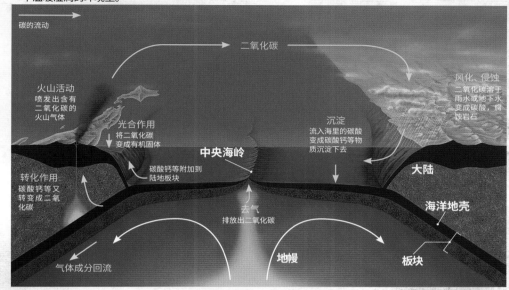

全球冰冻状态的行星
拥有内部海洋

那么，之前处于冰冻状态下的地球环境是什么样的呢？我们认为尽管当时地球表面被冰覆盖，但冰的下面仍然遍布海洋（称为"内部海洋"）。因为海底有地球内部散发出来的地热，所以冰下的海洋免于被冻结。而地球表面也因为有火山区域，所以可能局部有液态水的存在，使得生命在这些地方得以延续。

人们认为宇宙里普遍存在着这样全球冰冻的行星。海洋行星也好，全球冰冻的行星也好，它们的共同点是表面有海洋的存在。那么全球冰冻的行星是不是也适合居住呢？

现今的太阳系里不存在全球冰冻的行星，但我们认为木星的卫星——木卫二和木卫三都存在内部海洋。仔细研究这些卫星，关系到了解系外行星里的全球冰冻行星，可以说是一个重要的研究课题。

田近英一，1963年生。东京大学研究生院理学系研究科地球物理学博士。从事对地球、行星表层环境进化及变化的研究。2007年获日本气象学会堀内奖。著有《冻结的地球——雪球地球和生命进化的故事》（新潮社）、《地球环境46亿年的大变动历史》（化学同人）等。

海洋的诞生

海洋即将开始进化，这个过程跟大气、陆地和生命都是息息相关的。

降雨时代结束 原始海洋出现

持续降落到地球上的雨，使地球表面被海水覆盖。生命诞生的舞台——海洋，它的出现给地球环境带来了巨大的影响。

目光所及之处 只有海洋和天空的地球

1995 年上映的电影《未来水世界》以南极和北极的冰川融化导致海平面上升、地球表面被海水覆盖为背景。

实际上两极冰川的融化是不会导致所有的陆地被水淹没的。电影里那种目光所及之处只有大海和天空的场景，如果不是坐船出海航行，恐怕在现在的地球上是看不到的。

然而"大降雨时代"刚结束的地球却是这个场景。这是因为这个时代地球还没有形成大块的陆地，地表全部被海洋所覆盖。地球曾经就是个"水世界"。

海洋的诞生对地球来说是一件大事。比如它和大气有着密不可分的关系，它参与了使地球成为海洋行星所不可或缺的温室效应。此外，海洋还是生命诞生的舞台。原始海洋是如何在后来成为人类"母亲"的呢？我们来看一看它迈出的第一步吧！

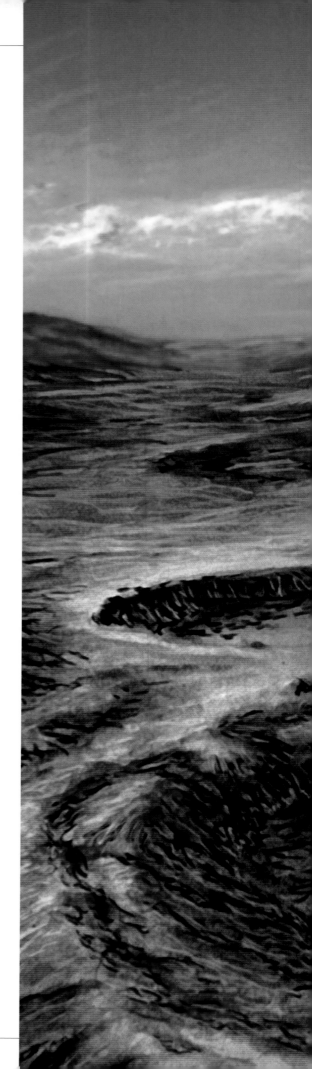

气体
主要由氢、水蒸气、二氧化碳、一氧化碳、氯化氢、硫化氢和氮组成。

原理揭秘

地球上的海洋是如何形成的？

2. 开始下雨

水蒸气变冷成雨。溶入了气体成分的雨水，变成了由盐酸、硫酸和碳酸等组成的酸性液体。不过这时地表的温度还很高，雨水在到达地表之前就被蒸发掉了。

1. 岩浆海

和原始行星发生巨大碰撞后，地球表面成了岩浆的海洋。水蒸气等挥发性物质以气体的形式从岩浆里散发出来，最终形成笼罩整个地球的云层。

地球诞生后不久，就下起了一场持续千年的大雨，最终形成覆盖整个地球的海洋。这件事不仅为地表带来了大量的水分，还减少了大气中的二氧化碳，对此后地球环境的改变产生了巨大的影响。

从被岩浆海覆盖的"红色星球"变为遍布海水的"蓝色星球"，水和大气经历了一番怎样的变迁呢？

云
这个时期的云层离地表有 100 千米之远，而现在的积雨云最高也就在地表约 10 千米之上。

3. 海洋的形成

年平均降雨量 4000 ~ 7000 毫米的大雨最终形成了海洋。当时地表的气压为现在的 100 ~ 200 倍，海水温度高达 200 摄氏度。高温且带酸性的海水和地壳的岩石发生了化学反应。

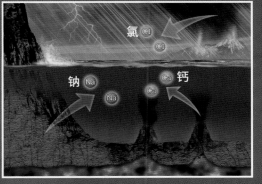

海里面的情况
由于雨水带有强酸性，与海底的岩石发生接触，就和组成岩石的矿物质发生反应，析出钙和钠等元素。这样一来海水的酸性很快就被中和掉了。

地球进行时！

急速发展的海洋酸化

即使现在也还是有大量的二氧化碳溶入海洋，这些二氧化碳使大海变酸。虽然现在海洋还是弱碱性的，但芝加哥大学研究团队对 2000 年以后的海水进行了调查，其结果显示海洋酸化现象正在急速恶化。二氧化碳排放量的增加被认为是主要原因。海洋酸化会通过危害珊瑚、贝类等不耐酸的壳类动物对整个生态系统产生影响，令人担忧。

随着海水酸化，珊瑚礁逐渐消失，而无法成为鱼类栖息地的软珊瑚则逐渐增加

陆地的形成

按照地质学的观点，只要是花岗岩形成的，再小的岛都叫大陆。

地球上的陆地诞生自"人类的母亲"——海洋

现在约占地球表面三分之一的『大陆』，在海洋诞生之初是不存在的。海底岩石在水和地球内部热能的作用下，缓慢地形成陆地。

充满谜团的陆地起源

持续了约 1000 年的降雨形成了大海，使地球成为"蓝色星球"。和太阳系的其他行星相比，地球有很多独特的地方，比如海洋、生命、臭氧层、月球那么大的卫星、大陆。

说到大陆，人们首先想到的是如同欧亚大陆一般广阔无垠的陆地。事实上在地质学中，"大陆"并不是字面所示的"大片的陆地"，而是指由花岗岩形成的陆地，因此即使一个小小的岛屿，也可以叫大陆。另一方面，海底主要是由玄武岩组成的，大陆和海底尽管相连，但构成它们的岩石却不同。大家也许会认为低洼里的水成了海，比海平面高的地方成了大陆，其实并不是这样的。

海洋诞生之初，地球基本上全部被海水覆盖。露出海面的，仅仅是陨石碰撞形成的环形山口和海底火山活动形成的火山岛等，这些都是由玄武岩构成的。那么形成大陆的花岗岩是从哪儿来的呢？

说起大陆的起源，要追溯到1950 年加拿大岩石专家诺曼·鲍恩做的一个实验。鲍恩将含有水分的玄武岩在高压下加热，发现岩石的一部分熔解，变成了其他类型的岩石。这个重生的岩石正是形成大陆的花岗岩。在他实验室里重现的正是距今 40 亿年前海底发生的事情。大陆是由海底的玄武岩变成的花岗岩构成的。

最早期的大陆

刚诞生没多久的大陆想象图。构成海底的玄武岩产生了一种新的花岗质岩浆，凝固后就是大陆。最初，大陆跟一个岛屿差不多大，后来一点一点地成长起来。远处的天体是月球。刚诞生的月球离地球很近，之后慢慢远离地球，来到了现在的位置。

花岗岩

玄武岩在水中受热受压后产生含水矿物，这些具有含水矿物的玄武岩再次熔化后，其中的一部分凝固形成花岗岩，所以花岗岩比玄武岩要轻。

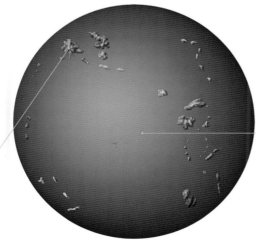

◻ 大陆和海底是由不同的岩石形成的

左图是大陆诞生之初地球的想象图。现在的大陆占地球表面30%，但在当时几乎不见踪影。

玄武岩（海底）

由构成地幔的橄榄岩熔化后产生的岩浆急速遇冷凝固成的岩石。只含有少量无色矿物，整体呈现黑色是它的特征，比花岗岩要重。

现在
我们知道！

大陆的岩石是海底岩石熔化形成的

阿卡斯塔片麻岩
40亿3000万年前

依苏阿上壳岩带
38亿2000万年前

奈恩岩
39亿6000万年前

阿基利阿花岗岩
38亿5000万年前

鞍山
38亿年前

● : 25亿年前的岩石

太古宙时期的大陆现在在哪里？

太古宙时期的大陆现在以岩石的形式散布在世界各地。左图是历史超过25亿年的岩石残留的区域以及发现最古老的岩石的地方。目前得到确认的最古老的大陆是大约40亿3000万年前遗留下来的。但从理论上来说，只要有水就可以产生花岗岩，因此大陆也有可能在海洋诞生后没多久就存在了。

20世纪60年代板块构造理论[注1]的提出，标志着地球科学当中关于地球成因的分支取得了重大的突破。该理论认为地球表面分为十几个由地壳和上部地幔构成的板块，这些板块各自在移动。该理论解释了地震、火山活动、大陆漂移的原因，和鲍恩的发现相结合，为大陆起源提供了具有说服力的假说。

海底产生龟裂，导致板块下沉

在世界海洋的中心，有一片叫海岭[注2]的海底山脉。根据板块构造理论，海岭喷出大量岩浆，形成新的海洋板块。这些板块随着地幔的对流，像上了输送带似的来到了海沟[注3]，再沿着海沟沉到地幔。

海洋诞生之初，海洋板块是由表层的岩浆海冷却之后、由玄武岩地壳构成的一块完整岩盘，它将整个地球覆盖住。尽管受到下方地幔对流的影响，但由于海洋板块表面没有裂缝，所以产生不了板块的移动。然而由于地幔对流朝着不同的方向进行，板块在岩浆流相互碰撞的地方开始变形，最终产生龟裂。从这个裂缝开始，一块板块开始沉向另一块板块的下方。

水造就了花岗岩

地壳和地幔内部的温度虽然很高，但一般来说还是高不过玄武岩的熔点，因此它不会被熔解。不过由于玄武岩和水发生了反应，沉入海底的这些板块包含了"含水矿物"。这些含水矿物导致岩石的熔点下降，岩石变得易于熔解。下沉的板块一旦到达深处，它们上层的玄武岩在高温高压下开始熔解。这时从玄武岩中熔解出来的就是之后形成大陆的花岗质岩浆。

从玄武岩到花岗岩的转变，水的作用不可忽视。

文明与地球

波利尼西亚神话中的毛伊

创世神话里陆地的诞生

自古以来人们对于陆地的起源就有丰富的想象。在日本神话中，伊奘诺尊和伊奘冉尊在天浮桥上用天之琼茅伸入海中搅拌，提起时茅尖滴下的水凝聚成了岛。而在新西兰土著毛利人的神话中，英雄毛伊钓起了陆地，使其成了新西兰的北岛。

钓起陆地的毛伊形象图。在波利尼西亚岛群的夏威夷、塔西提等地广泛流传着类似的神话

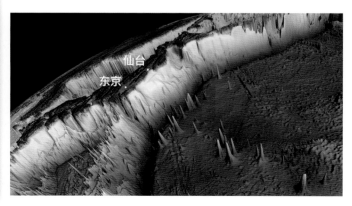

仙台
东京

海洋板块俯冲之处的海沟

东日本海海底的海沟，全长800千米，南端在房总半岛东南海域与伊豆小笠原海沟对接，北端则在襟裳岬海域与千岛海沟对接，最深处约8000米。

最古老的大陆痕迹
阿卡斯塔片麻岩露出地表

阿卡斯塔片麻岩是目前为止得到公认的最古老的大陆痕迹，位于加拿大西北特区大奴湖边。从矿物分析可以推测，这片岩石大约形成于 40 亿年前。

阿卡斯塔片麻岩
片麻岩是花岗岩在热和压力的作用下形成的一种变质岩。它证明了 40 亿年前已经存在形成大陆的花岗岩。

重的玄武岩
和轻的花岗岩

从玄武岩里熔解出来的花岗质岩浆因为比周围的岩石要轻，所以朝着地表浮上来。另一方面，板块下沉时，顶端会被削掉一层，产生增生楔[注4]。花岗质岩浆自下而上侵入这些增生楔。这种岩浆和增生楔的混合物就是大陆。大陆缓慢变大，最终露出了海面。

就这样，地球上最早的大陆诞生了。经历漫长的岁月，从岛屿发展到现在的大小。大陆的诞生不仅为动植物的繁荣提供了场所，它还起到了一个非常重要的作用——当时的大气里充满了二氧化碳，它们与大陆岩石里的钙反应后进入大海，又在大海里发生化学反应变成石灰岩沉积在海底。大气中的二氧化碳逐渐减少，大气压开始接近现在的水平。可见大陆发挥着稳定地球环境的作用。

观点 ⟳ 碰撞

花岗岩是从玄武岩的岩浆里诞生的吗？

有人认为，花岗质岩浆不是由有含水矿物的玄武岩熔解而来，而是从部分熔解了的地幔所产生的玄武质岩浆中产生的。该学说主张，玄武质岩浆在上升过程中来到了地幔和地壳的交界处，在这里它们变冷，同时岩浆内部的矿物质沉积下来，变成花岗质岩浆。之后这些岩浆继续上升侵入地壳，最终形成大陆。

正在喷发玄武质岩浆的意大利斯特龙博利火山

科学笔记

【板块构造理论】 第92页注1
通过发展德国气象学家阿尔弗雷德·魏格纳（1880—1930）提出的大陆漂移说，板块构造理论现在已成为地球科学的基础性学说。"覆盖地球表面的板块移动形成了地震、火山活动、造山运动。"从这一思路出发，该学说认为下沉板块自身的重力和地幔的对流是板块移动的原动力。

【海岭】 第92页注2
海岭是位于大洋底部绵延数千千米的海底山脉，是板块诞生的地方，也称为中央海岭。

【海沟】 第92页注3
海沟是海底形成的巨大龟裂，是板块冲突后下沉的地方。海底地壳的年代在海岭附近最年轻，在海沟附近最古老。

【增生楔】 第93页注4
一个板块下沉到另一个板块的时候，下沉板块的上部有薄薄的一层被刮掉，附着在了上面的板块，这就是增生楔。增生楔由海底的泥沙、浮游生物的尸体、石灰岩等构成，大陆除了花岗岩以外的岩石就是由这些增生楔组成的。日本列岛的大部分都是由增生楔构成的。

随手词典

【岩石圈】
位于地球表层的上部。在岩石圈下方70～250千米处的区域里，温度异常之高且有部分熔解，因此被称为"软流圈"。岩石圈跟着软流圈的流动进行移动。

【太平洋板块】
位于太平洋海底，是地球上最大的板块。由太平洋东侧的胡安·德富卡海岭和东太平洋海岭形成，下沉于菲律宾海板块、欧亚板块和北美板块。

近距直击

小笠原群岛是大陆的孩子?

　　小笠原群岛有"远东的科隆群岛"之称，是珍贵的地质学现象。虽然地球诞生初期出现了很多大陆，但随着地球内部逐渐冷却，板块变得不容易熔解，大陆仅存于部分区域。大约5000万年前，太平洋板块下沉到菲律宾海板块下面，产生了大量的花岗质岩浆。位于小笠原群岛南端的火山列岛（硫黄列岛）下的地壳和这类花岗质岩浆形成的大陆地壳相似，揭示了大陆诞生和成长的过程。

火山列岛的北硫黄岛

2.板块开始错位

地幔的热流要横向拉扯海洋板块，然而由于当时的板块是一块完整的岩石，无法移动，所以最终导致板块产生了裂缝。

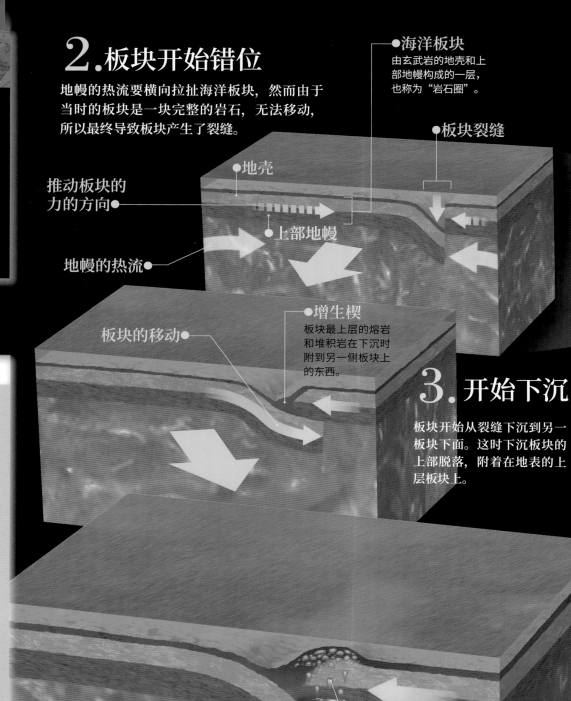

海洋板块
由玄武岩的地壳和上部地幔构成的一层，也称为"岩石圈"。

板块裂缝

地壳

推动板块的力的方向

上部地幔

地幔的热流

增生楔
板块最上层的熔岩和堆积岩在下沉时附到另一侧板块上的东西。

板块的移动

3.开始下沉

板块开始从裂缝下沉到另一板块下面。这时下沉板块的上部脱落，附着在地表的上层板块上。

4.岩浆的诞生

下沉板块上部的玄武岩在高温和高压的作用下部分开始熔化，产生了花岗质岩浆。由于花岗质岩浆比较轻，上升到地表附近后侵入增生楔，形成了大陆

花岗质岩浆
玄武岩和水发生反应后生成了含水矿物，部分熔化后从

最早的大陆是如何形成的？

原理揭秘

板块移动，地球初期的大陆开始形成。在海洋诞生、地表发生巨大变化的这一时期，地底下又发生了些什么呢？让我们通过当时地球的剖面图，来了解地幔内部的状况，看看板块产生的花岗质岩浆是如何形成大陆的吧！

1.海洋诞生后的地球

当时地幔的温度比现在要高，对流很活跃。地幔的上升热流在海底四处碰撞，使海底弯曲变形。

●火山岛
被地幔的上升热流碰撞的海底喷出大量熔岩，形成了海底高地和无数的火山岛。

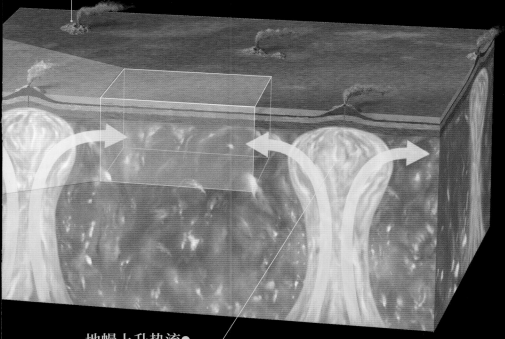

地幔上升热流●
从地球深处往上升的滚烫的地幔。这些上升热流是板块移动的原动力。

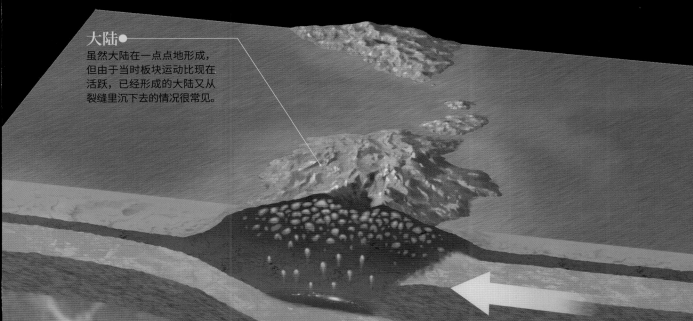

大陆●
虽然大陆在一点点地形成，但由于当时板块运动比现在活跃，已经形成的大陆又从裂缝里沉下去的情况很常见。

5.大陆的诞生

板块不断下沉，不停地产生岩浆，增生楔也在扩大。最终岩浆和增生楔的合体露出海面，形成大陆。

火成岩

| Igneous Rock |

岩浆形成了地球最早的岩石

岩石分为火成岩、沉积岩和变质岩三大类。在诞生不久的地球上，岩浆首先形成了火成岩，然后再发展成了沉积岩和变质岩。下面列举一些代表性的火成岩岩石。

火成岩的分类

根据其形成材料岩浆的冷却速度，将火成岩分为火山岩和深成岩。火山岩含有细粒岩石，而深成岩则以全晶质粗粒结构为特征。

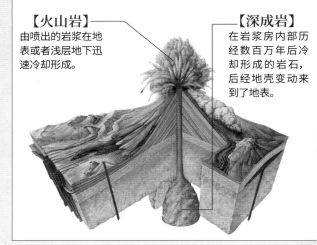

【火山岩】
由喷出的岩浆在地表或者浅层地下迅速冷却形成。

【深成岩】
在岩浆房内部历经数百万年后冷却形成的岩石，后经地壳变动来到了地表。

【玄武岩】

| Basalt |

「玄武岩」的名称来自日本兵库县的玄武洞

海底的主要构成成分，是地球上最基本的岩石。岩石行星的地幔熔化后就会形成玄武质岩浆，因此火星和金星的表面也主要由玄武岩构成。富含铁和镁，特征为黑色。

数据	
分类	火山岩
结构	斑状结构
主要矿物成分	橄榄石、斜长石、辉石
主要用途	铺筑道路用的石板

【安山岩】

| Andesite |

使用了约55000块的安山岩砖块搭建而成

环太平洋地带较为常见，是板块下沉地带形成的岩石。由于易于开采且耐火性强，也多用作建筑材料。印度尼西亚壮丽的婆罗浮屠寺庙（上图）就使用了安山岩。

数据	
分类	火山岩
结构	斑状结构
主要矿物成分	斜长石、辉石、角闪石
主要用途	墓碑、石墙

【黑曜岩】

| Obsidian |

流纹质岩浆流入水中，遇冷急速凝固而成。非常坚固，切割后会形成锐利的断口，因此从旧石器时代到弥生时代一直被用来加工成箭头、刀之类的利器。

数据	
分类	火山岩
结构	玻璃质
主要矿物成分	石英、斜长石
主要用途	刀具、装饰品、土壤改良剂

【流纹岩】

| Rhyolite |

由黏性很强的岩浆迅速凝固而成的岩石，因表面留有岩浆流过的纹路得名。质地特别细密，抗侵蚀风化，因此常构成小山和丘陵。

数据	
分类	火山岩
结构	斑状结构
主要矿物成分	石英、斜长石
主要用途	建材、土壤改良剂、保温材料

有好水的地方就有花岗岩？

日本的六甲山、南阿尔卑斯山脉的驹之岳等都是知名矿泉水的产地，山峰大多是由花岗岩构成的。这是因为易于风化的花岗岩岩盘容易被水渗透，导致地下形成了丰富的水脉。此外，因为花岗岩含有少量口感较硬的铁和镁元素，所以流经岩盘的水就成了好喝的矿泉水。

位于日本南阿尔卑斯山脉的驹之岳。据说这座山的花岗岩形成于大约 1400 万年前

【花岗岩】
| Granite |

日本国会议事堂外墙用了三种不同类型的花岗岩

构成大陆的主要岩石。因为由岩浆缓慢冷却形成，所以表面上的矿物结晶大到肉眼可见。质地细致而坚固，常用作建筑材料。

数据
分类	深成岩
结构	粒状结构
主要矿物成分	石英、钾长石、斜长石、黑云母
主要用途	建材、墓碑、石碑

【闪绿岩】
| Diorite |

石像高 168 厘米；由埃及国家考古博物馆收藏

具备花岗岩和辉长岩之间的性质，比较稀有。与花岗岩拥有相同的耐久性，打磨之后会发出美丽的光泽。上图是闪绿岩制作的古埃及第四王朝法老哈弗拉的坐像。

数据
分类	深成岩
结构	粒状结构
主要矿物成分	斜长石、角闪石、辉石、黑云母
主要用途	建材、墓碑

【辉长岩】
| Gabbro |

由玄武质岩浆缓慢冷却后形成。因此它们多为海洋地壳的一部分或者位于大陆地壳的底部。特征是表面遍布米粒状的矿物颗粒。

数据
分类	深成岩
结构	粒状结构
主要矿物成分	斜长石、辉石、角闪石
主要用途	建材、墓碑

杰出人物

发现火成岩起源的"近代地质学之父"

地质学家
杰姆斯·赫顿
（1726—1797）

18 世纪末，人们还认为所有的岩石都是在水中沉积而成的，否定了这一观念的是英国地质学家杰姆斯·赫顿。他通过对岩脉的调查，提出了岩石是从岩浆转化过来的"火成论"。他构建了"风化了的火成岩沉积形成沉积岩""火成岩和沉积岩在高温高压下又形成了变质岩"这一地质学基础。赫顿还否定了当时作为常识的"大灾变形成地球"的言论，提出了世界是在地壳运动和火山活动的不断反复中形成的"均变论"。

【橄榄岩】
| Peridotite |

构成上部地幔的岩石，主要由称作橄榄石的矿物构成，其特征是带有绿色。橄榄岩容易发生变化，在地表上多变成变质岩中的一种——蛇纹岩。熔解之后产生玄武质岩浆。

数据
分类	深成岩
结构	嵌晶结构
主要矿物成分	橄榄石、单斜辉石、斜方辉石
主要用途	铸造砂、肥料

地球最大的珊瑚礁
大堡礁

位于澳大利亚昆士兰州沿岸，1981 年被列入《世界遗产名录》。

大堡礁是世界上最大的珊瑚礁群。长约2000 千米的范围内（相当于从日本北海道到鹿儿岛的距离），分布着 2500 多个珊瑚礁。这里除了有约 400 种珊瑚礁外，还繁衍生息着 1500 多种鱼类，是海洋生物的宝库。

珊瑚礁的种类

裙礁

包住岛屿或者大陆的海岸线，呈带状的珊瑚礁。形成初期的珊瑚礁一般是这种样子。

堡礁

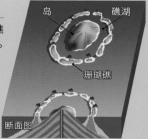

陆地下沉导致和珊瑚礁之间形成了凹陷的潟湖。大堡礁就属于这种类型。

环礁

陆地完全下沉，只剩下环绕周围的珊瑚礁。由于中间没有陆地，在上空俯视的话，看上去像一个甜甜圈。

连绵不绝的
2500 多个珊瑚礁

由体长仅数毫米的珊瑚虫个体构成了这个令人惊叹的大珊瑚礁，据说从 1800 万年前就开始形成了。这里海底的水较深而且平坦，阳光能充分射入，海水的平均温度在 20 摄氏度以上，是非常适合珊瑚栖息的环境。

地球之谜

《创世记》里记载的大灾变

挪亚大洪水的真相

对推测为原型的古代大洪水的调查研究现在正在进行。

这场广为人知的挪亚大洪水真的发生过吗？

地表完全被水淹没，人类当中，只有挪亚家族活了下来。

"经历了 40 个昼夜后，整个地球被水淹没，只有在挪亚方舟上的挪亚家族和雌雄各一对的动物活了下来"——《创世记》里描述的挪亚大洪水。这个传说一直吸引着人们，在美术、音乐、小说等各个领域得以演绎，甚至在科学技术发达的今天，人们也通过各种角度对其可信度进行了研究。

在 20 世纪 90 年代后期，美国的海洋地质学家发表了划时代的研究成果：这场挪亚大洪水是在黑海周边发生的。

世界各地流传下来的关于破坏性洪水的传说

说到古代地球上发生的大洪水，世界各地流传着众多的记录和传说。古希腊、古埃及、阿兹特克和印加帝国等 300 多个地区都有关于洪水的传说。

至于挪亚大洪水的原型，有人认为是在古代美索不达米亚发生的大洪水。这是个有说服力的假说，起源于一块黏土板上的内容。19 世纪 50 年代，英国考古学家莱亚德等人在古亚述的城市尼尼微遗址（位于伊拉克北部）发现了这块黏土板，大英博物馆乔治·史密斯于 1872 年进行了解读。黏土板上记录的是古代美索不达米亚王吉加美士的生平（《吉加美士史诗》），其中写到了王听说的关于大洪水的传说。

叙事诗里写道，洪水淹没了整个美索不达米亚平原，人们坐船逃难，来到山顶歇脚片刻后，通过放飞鸽子和乌鸦来确认地面上的水回落了没有。由于这一叙述和挪亚方舟的传说极为相似，以至于之后对伊拉克周边的调查研究活跃了不少。

关于方舟本身的研究也开始盛行。有人提出《圣经》里提到长约 140 米、宽 22 米、高 13 米的 3 层结构的方舟是能够装下 8 个人和所有被挑选出来的动物的。此外，洪水退去之后，挪亚方舟漂流到的亚拉腊山（位于土耳其东部）山顶附近发现了许多木头碎片，被认为是船的遗骸，也有团队对其进行研究。

总之，挪亚大洪水的传说参考了《吉加美士史诗》这一假说在 20 世纪后期得到了科学家的公认。

古代，由于地中海海平面急剧上升，海水在博斯普鲁斯海峡变成汹涌的急流，在黑海附近形成大洪水

记载在公元前 7 世纪美索不达米亚黏土板上的《吉加美士史诗》，其中有类似挪亚大洪水的记录

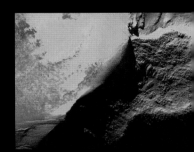

各国持续调查埋藏在亚拉腊山山顶一带的方舟形状的物体，在 2003 年，民用卫星拍摄到了其形状

这幅图描绘了挪亚时期洪水的故事

海洋地质学揭开了挪亚大洪水的真实面目

然而在 21 世纪，美国海洋地质学家威廉·莱恩和沃尔特·皮特曼却提出了新的假说。

他们在 20 世纪 70 年代调查海底沉积物时，被挪亚大洪水的传说所吸引。为了验证这个传说，他们花了 20 年的时间探寻证据。

他们使用回声测深仪探测黑海海底，并通过碳 14 断代法分析采集到的贝壳的年代，得到了以下假说：

在公元前 5500 年左右，冰川急速溶化，地中海的海水越过博斯普鲁斯海峡进

入黑海，以 200 倍于尼亚加拉瀑布一天之内的水量——即 42 立方千米的水，历时 300 天涌向黑海四周，吞没了附近所有的村落。原本是淡水湖的黑海因此成了咸水湖。好不容易逃脱灾难的人们转移到了地球上的各个角落，将农耕文化传播开来。这件事在《旧约》里被写成了挪亚大洪水的故事。

1996 年 12 月，该调查部分刊登在《纽约时报》上之后，引起了巨大的反响。《吉加美士史诗》里无法解释的谜团在这个假说里得到了科学的验证，引起了世界范围内的调查。

保加利亚海洋学会以挪亚为项目名，发表了可以支持莱恩假说的调查结果。另

一方面，加拿大调查小组通过调查海底沉积物，于 2002 年提出了和莱恩等人相反的假说——过去 1 万年里黑海的水位比地中海要高。这一假说至今依然被争论不休。

不光是挪亚大洪水，通过科学方法检验《圣经》里的故事，对古代地球环境和人类历史一定会有新的发现吧！

Q 现在的大陆是如何形成的?

A 大家都知道大陆随着板块的移动而移动。地球自从板块开始移动以来，大陆缓慢增加，在 19 亿年前左右集中到了一个地方，形成哥伦比亚超大陆。哥伦比亚超大陆后来分裂，经历分分合合，又于 2 亿 5000 万年前形成了泛大陆。现在的大陆就是泛大陆分裂出来的，证据是非洲大陆西海岸和南美大陆东海岸的形状不可思议地吻合。这也是阿尔弗雷德·魏格纳想到"大陆漂移说"的契机之一。

Q 为什么杯子里的水是透明的，海水是蓝色的呢?

A 阳光看着是无色的，其实包含了蓝色、红色、绿色、黄色等可见光。阳光射入海里的时候，红色和黄色等波长较长的可见光被水分子吸收，只剩下波长较短的蓝色系光线到达我们的眼中，所以大海看上去是蓝色的。而杯子里的水因为量少，所以看上去是透明的。

远处的海看上去很蓝，而近在眼前的海因为水量少呈现透明色

Q 硬水和软水的区别是什么?

A 同样是水，硬水和软水的口感完全不同。它们的区别在于水中钙离子和镁离子的含量。根据世界卫生组织的标准，1 升的水中含有钙和镁超过 120 毫克以上的是硬水，不到 120 毫克的是软水。一般来说，软水的口感淡而无味，而硬水的口感较为爽口。日本的水基本上都是软水。

Q 为什么冰会浮在水上?

A 水有其他物质所不具备的各种特性，比如变成冰会浮于水面。物质变冷后密度会变大，大部分情况下固体都比液体重。水也一样，温度下降时会变重，最重的时刻是在 4 摄氏度时。当低于这个温度，水越冷反而越轻。这是因为水分子的形状凹凸不平，在液体状态下分子可以相对自由地移动，当挤到一块变成冰时分子就停止了移动，导致缝隙变多密度减小，也就是说相同体积下，冰比水轻，所以会浮起来。

Q 海洋深层水是一种什么水?

A 广泛应用于食品、药品和化妆品等行业的海洋深层水，是从阳光无法到达的水深 200 米以下的地方吸上来的海水。海洋深度不同的地方，水质有所差异，从海平面到水深 200 米处的这一段海水，除了受排水以及河水的影响外，由于浮游植物频繁进行光合作用，导致养分也较少。更深处的海水，不仅没有环境污染物，也没有光合作用，因此营养成分较高。这种水可以安全饮用，适合培育蔬菜、养殖鱼虾贝类，被广泛应用在商业上。

日本高知县利用深海水培育茄子，据说其风味可以长久保持

冰山的样子。如果冰不露出水面的话，极地的海底就会全部变成冰，所有海里的生物都会冰冻

生命的诞生

40 亿年前—38 亿年前

［太古宙］

太古宙是指 40 亿年前—25 亿年前的
时代。在这个时期，地球上诞生了最初
的生命，继而出现了进行光合作用的
生物，地球环境开始发生巨大变化。

第 105 页 图片 / 阿玛纳图片社
第 107 页 图片 /123RF
第 108 页 插画 / 月本佳代美
第 109 页 插画 / 斋藤志乃
第 111 页 插画 / 真壁晓夫
第 112 页 插画 / 三好南里
　　　　图片 /123RF
第 113 页 图片 / 美国国家航空航天局 / 喷气推进实验室 - 加州理工学院 / 加州大学伯克利分校 / 马克斯·普朗克太阳系研究所 / 德国宇航中心 /ID
　　　　图片 / 美国国家航空航天局 / 约翰斯霍普金斯大学应用物理实验室 / 华盛顿卡内基研究所
　　　　图片 / 美国国家航空航天局 / 哥达德太空飞行中心 / 亚利桑那州立大学
　　　　图片 / 美国国家航空航天局 / 喷气推进实验室
　　　　图片 / 阿瓦隆 / 建筑摄影 / 阿拉米图库
第 115 页 图片 / 阿玛纳图片社
　　　　图片 /PPS
第 116 页 图片 / 阿玛纳图片社
　　　　图片 /PPS、PPS
第 117 页 图片 / 国家地理学会 / 阿玛纳图片社
　　　　图片 / 美国国家航空航天局
　　　　图片 /PPS
第 118 页 插画 / 加藤爱一
　　　　插画 / 池下章裕
第 119 页 图片 / 美国国家航空航天局
第 121 页 图片 / 世界历史档案 / 阿拉米图片库
第 122 页 图片 / 盖蒂图片社
　　　　图片 / 美国国家航空航天局 / 喷气推进实验室 - 加州理工学院 / 意大利航天局 / 康奈尔大学
第 123 页 插画 / 真壁晓夫
　　　　图片 /PPS
　　　　图片 / 上野雄一郎
　　　　插画 / 真壁晓夫
第 124 页 图片 / 国家地理图片集 / 阿拉米图库
　　　　本页其他图片均由 PPS 提供
第 125 页 图片 / 美国国家航空航天局、美国国家航空航天局
　　　　图片 / 田端诚
　　　　插画 / 斋藤志乃
第 126 页 图片 /PPS
　　　　插画 / 加藤爱一
第 128 页 本页图片均由 PPS 提供
第 129 页 图片 /PPS
　　　　图片 / 盖蒂图片社
　　　　图片 / 奥景公司 / 阿拉米图库
　　　　图片 / 约翰霍普金斯大学应用物理实验室 / 华盛顿卡内基研究所 / 美国国家航空航天局
　　　　图片 /PPS
　　　　图片 / 派瑟公司 / 阿拉米图库
第 130 页 图片 /PPS
　　　　图片 / 伊娃 - 洛塔·詹森 / 阿拉米图库
第 131 页 图片 / 白尾元理
第 132 页 图片 / 尼尔·斯彭斯 / 阿拉米图片库
　　　　图片 / 转载自《盖亚——地球是个生命体》
第 133 页 图片 /PPS
　　　　图片 / 美国国家航空航天局
　　　　插画 / 斋藤志乃
第 134 页 图片 / 阿玛纳图片社
　　　　图片 / 美国国家航空航天局 / 喷气推进实验室 / 马林太空科学系统
　　　　图片 /123RF

—顾问寄语—

横滨国立大学教授 小林宪正

地球作为一颗行星，最大的特征是孕育了形形色色的生命。

生命是如何诞生的？地球以外是否还有孕育生命的天体存在？

这些都是留给我们人类的大谜团。

通过对宇宙、地球、生命深入调查研究，

38 亿年前生命诞生时地球的状况以及生命诞生之谜的线索正在清晰起来。

早 期 生 命 的

阳光都到达不了的深海海底，存在着据说是 38 亿年前
出现的地球上最早的生命。孕育这些生命的，是从海底
喷涌而出的富含养分的热水。在澳大利亚西部皮尔巴拉
地区能够看到 35 亿年前的地层。它是上述物质沉淀下
来后，经过漫长的时间形成的沉积岩。那里沙漠气候严
酷，然而或许在很久之前，这片如今罕见动物身影的土
地曾是刚刚诞生的生命的乐土。

**澳大利亚西部
皮尔巴拉地区的北极**

地层中黑色的岩石是沉积岩的一种,被认
为是由 35 亿年前从海底林立的热泉中喷
发出的二氧化硅沉积而成。在这个地层中,
我们发现了最古老的细菌化石。

107

地球上最早登场的生命

在人所未知的海底，有的地方不断喷出热水。渗透海底的海水被地下的岩浆加热，形成海底热泉，从而喷发出来。因为深海水压的缘故，喷出的热水不会蒸发，它的温度可以超过 300 摄氏度。在这个特殊的环境下，大约 38 亿年前，地球史发生了戏剧性的事件。水中有机物的化学反应加速，与物质截然不同的生命出现了。地球从此刻起步，变成了生命的星球。

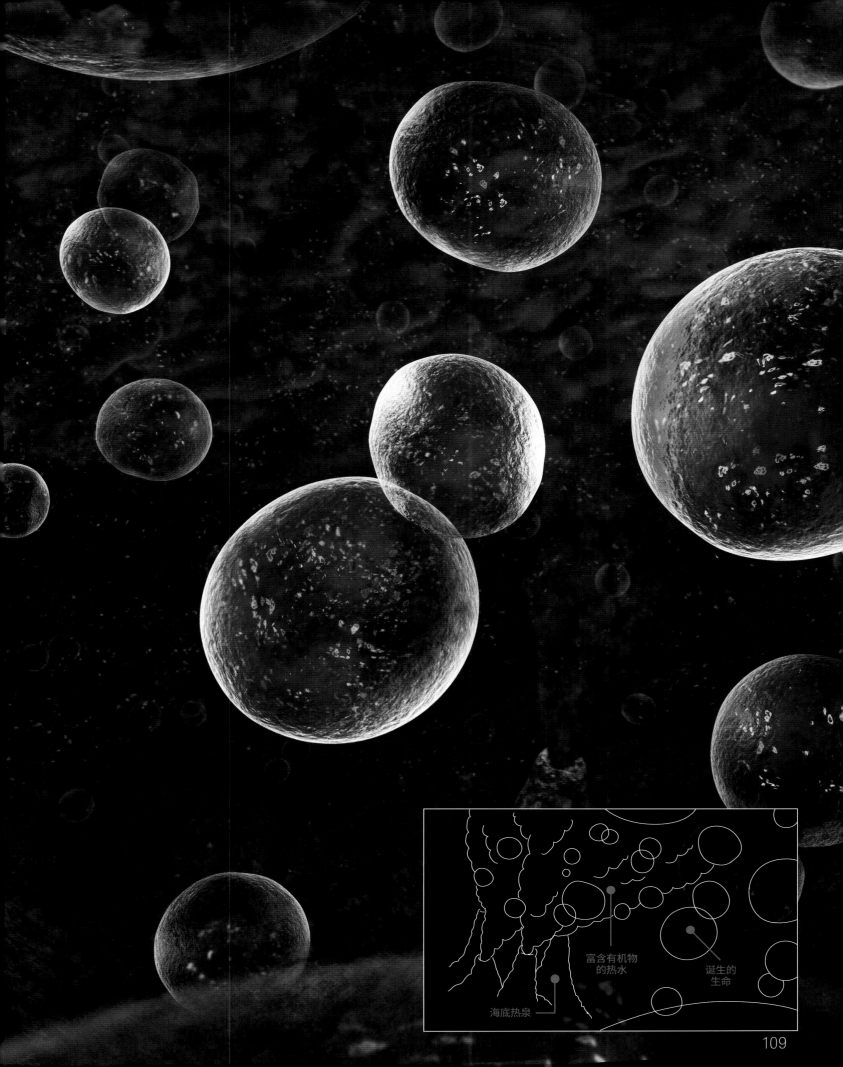

富含有机物
的热水

诞生的
生命

海底热泉

晚期陨石大撞击

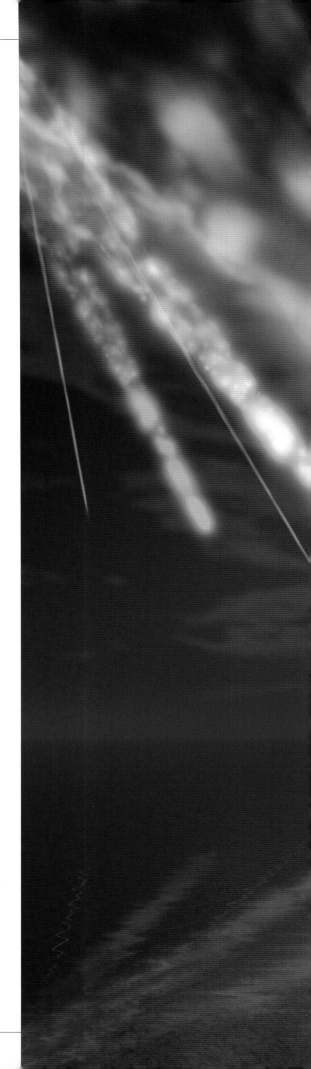

陨石也会撞击火星、金星和水星吧！

平静的地球遭到陨石的激烈撞击

经过被岩浆覆盖的灼热时代和大降雨时代，地球被蔚蓝的大海所覆盖。然而，平静并没有持续很久，地球再次遭到小天体的剧烈撞击。

月亮的玉兔讲述地球新的灾难

距今 46 亿年前，太阳系诞生，地球在与周围的原始行星及微行星不停地碰撞中成长。地球闯过了地表被沸腾的岩浆所覆盖的时代，经历了与火星大小的巨大天体的冲撞，然后是 1000 年持续降雨的时代，成长为一颗拥有"海洋母亲"的蔚蓝行星。这个平静的时代持续了很久。

可是数亿年后，约 40 亿年前—38 亿年前，地球遭遇了新的灾难——再次进入剧烈撞击的时代。

行星反复与周围的天体冲撞，合而为一，因此行星形成的历史几乎就是冲撞的历史，地球也不例外。如果我们把 46 亿年前—45 亿年前的地球形成时发生的冲撞看作早期冲撞的话，那么 40 亿年前—38 亿年前发生的冲撞就可以称为"晚期陨石大撞击"。不过在如今的地球上，能够证明那时激烈撞击的痕迹已经无处可寻了。只有夜空月亮上的"玉兔"还能为我们讲述地球曾经遭受的灾难。

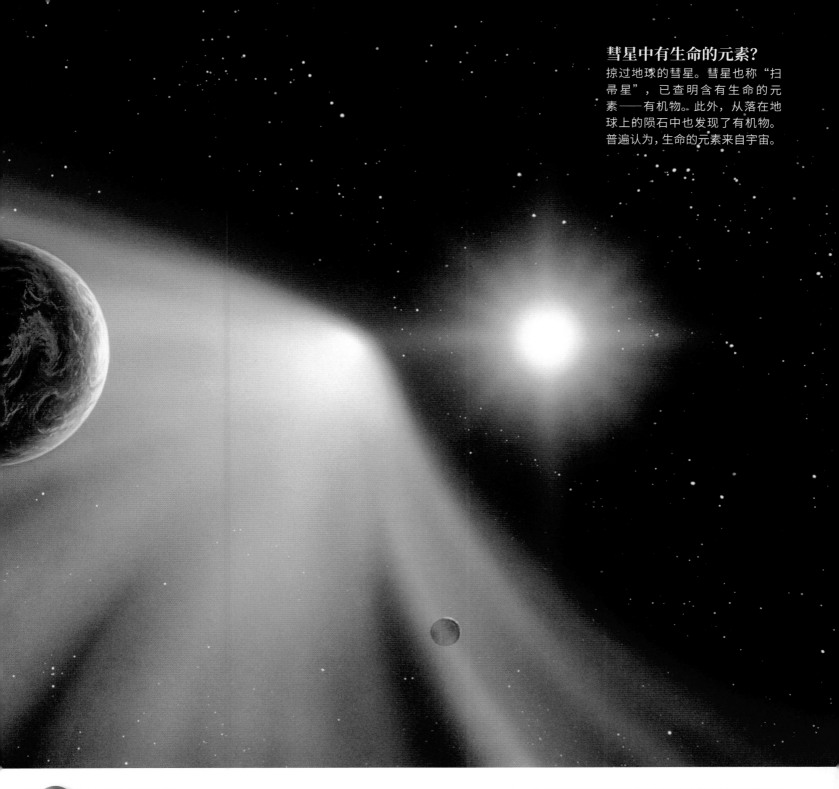

彗星中有生命的元素?

掠过地球的彗星。彗星也称"扫帚星",已查明含有生命的元素——有机物。此外,从落在地球上的陨石中也发现了有机物。普遍认为,生命的元素来自宇宙。

近距直击

再现沉浸在研究中的巴斯德的画作

从古代到中世纪,人们认为"有的生物是自然发生的"

古希腊的哲学家亚里士多德认为生物除了从父母和种子发生之外,也会自然而然地发生。他觉得昆虫和老鼠也是自然发生的。很长一段时间内,"自然发生说"是生命起源的定论。

随着科学的发展,"肉眼可见的生物不会自然发生"已成定论,但围绕"微生物是否自然发生"一直有争论。终结这场争论的是法国的化学家、细菌学家巴斯德。他在 19 世纪中叶表示,若将水煮沸杀死微生物,微生物就不会再次发生。这个发现为日后的灭菌手段奠定了基础,也为提升食品安全做出了巨大的贡献。

现在我们知道！

生命的元素和太阳一样 来自黑暗星云

人们曾经认为，以"生命的元素"氨基酸[注1]为代表的有机物[注2]无法由无机物自然合成，而只能在生物体内形成。但是在1953年，当时还是芝加哥大学研究生的斯坦利·米勒颠覆了这个观念。他在模拟原始地球的空气中放电[注3]，竟然合成了氨基酸等有机物。尽管后来米勒所设想的原始空气的成分被证明是错误的，但这个划时代的实验证明了无机物是可以合成有机物的，在生命起源的研究中引起了巨大反响。

养育生命元素的，是不是孕育太阳的母体？

关于生命的起源，近几年占据主导地位的是"宇宙起源论"，即宇宙中形成的有机物飞来地球，进

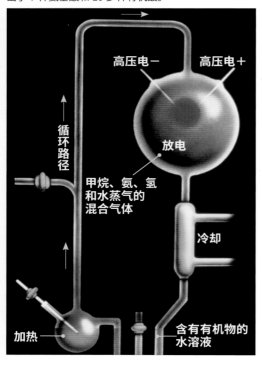

米勒的试验模型图

米勒制作的装置如下图所示。将他所设想的原始大气成分——甲烷、氨、氢和水蒸气的混合气体密闭在一个容器内，模拟雷电持续放电一个星期后，在水溶液中检测出了7种氨基酸和10多种有机酸。

高压电－　高压电＋
循环路径
放电
甲烷、氨、氢和水蒸气的混合气体
冷却
加热
含有有机物的水溶液

拖着长长尾巴的麦克诺特彗星
2007年拍摄到的麦克诺特彗星。它是1965年以后观测到的最亮的彗星，从地面上看到的彗尾长度相当于70个满月并排。

而成为生命的元素。由宇宙空间中的气体和尘埃构成的黑暗星云（分子云）是孕育星星的母体。太阳在46亿年前也诞生于黑暗星云中，人们认为这个时候有机物就已经产生了。

黑暗星云中，存在着宇宙尘埃，上面包裹着含有多种元素的冰晶。这些尘埃遇到紫外线和宇宙射线等放射线的时候，冰晶中就产生了有机物。

富含矿物质和有机物的微粒被吸收到小行星和彗核中。那些天体不久就和地球撞击，很有可能带来生命的元素。

1969年，上述可能性得到力证。人们从落在澳大利亚境内的默奇森陨石中检测出氨基酸等成分。此前也有过从陨石中检测出有机物

的例子。但是人们不清楚那是来源于宇宙的物质还是陨石落地后地球的物质混入了其中。人们通过分析，得出默奇森陨石原先就有氨基酸的结论。"生命的元素来自宇宙"，这个假说的可信度一下子提高了。

来自宇宙的生命元素齐聚地球

将生命的元素运往地球的"搬运工"除了陨石，还有彗星。说到彗星，最有名的当数哈雷彗星。它以绕地球一周需约76年而闻名于世。1986年哈雷彗星靠近地球时，人类曾经尝试用数台探测器观测。

彗星的主体部分为彗核，是由冰块和尘埃组成的固态物体。靠近太阳时，彗核的冰块会升华为气体，

文明与地球　**彗星和人类**

哈雷彗星是不吉利的天体？

人们畏惧哈雷彗星，把它当作一个凶兆。它的出现总会伴随诸多政变和战争。公元66年，哈雷彗星出现，犹太民族分离的犹太战争爆发。1066年，哈雷彗星再次出现，诺曼人发动了诺曼征服。历史的转折点总有哈雷彗星的影子。

描绘诺曼征服一幕的刺绣，正中央塔顶上的正是哈雷彗星

撞击痕迹

气凝胶[注4]

彗星尘埃

维尔特二号彗星的尘埃

星尘号探测器使用一种叫气凝胶的特殊物质抵挡住了维尔特二号彗星尘埃的攻击。尘埃以每小时 20000 千米以上的速度撞击气凝胶，留下了细长的痕迹。

维尔特二号彗星

围绕太阳公转的短周期彗星。公转周期约为 6 年 5 个月，于 1978 年被发现。人们从它的尘埃中发现了甘氨酸。

和尘埃一起包围在彗核的周围，形成一种叫作彗发的大气层。彗发被太阳风推斥，就变成彗星所谓的"尾巴"。根据探测器观测的结果，哈雷彗星的彗发中检测出了有机物。

此外，2004 年美国国家航空航天局的星尘号探测器靠近维尔特二号彗星，对其采集到的样本进行分析后表明彗星上存在有机物。

形成于黑暗星云中的有机物依靠陨石和彗星何时被送入地球暂无定论。不过，如果那时正好发生了晚期陨石大撞击，那就可以说是这次陨石大撞击为地球带来了生命的元素。

总之这样一来，地球上便具备了形成生命所需的元素。

科学笔记

【氨基酸】第116页注1
生产蛋白质的最小单位的成分。地球上包括植物和动物在内的所有的生命都是由氨基酸所组成的蛋白质构成的。通常，蛋白质由数百到数千个氨基酸排列组合而成。

【有机物】第116页注2
即有机化合物，主要由碳元素和氢元素组成，原本是来源于生物的物质的总称，现在也包括许多化学合成的化合物，因此来源于生物的有机物被称作天然有机物。有机化合物以外的化合物被称作无机化合物（无机物）。

【放电】第116页注3
这里所说的放电是指施加高电压让电流从两电极之间的绝缘体中通过的现象。雷电也属于一种放电现象，即电流在雷云和地表之间的空气（绝缘体）中通过。

【气凝胶】第117页注4
这是一种将凝胶中包含的溶剂与气体置换后形成的超低密度的物质，也被称为最轻的固体。彗星的尘埃等细微物体和其他物质高速撞击的话通常会蒸发，使用这种凝胶就可以捕获它们。

观点 ⟳ 碰撞

生命起源于宇宙，继而来到地球

"有生源论"由瑞典化学家阿伦尼乌斯在 20 世纪初提出。他认为，生命本身而非生命的元素来自宇宙，在地球外诞生的生命由陨石等搬运而来。该假说遭到"宇宙生命原本从何而来""宇宙空间中生命是否可以长时间存活"等问题的质疑。

提出"有生源论"的阿伦尼乌斯

随手词典

【黑暗星云】
宇宙空间中漂浮着气体和尘埃，黑暗星云就是那些气体和尘埃以极高密度聚集在一起的场所。它们遮挡住星星和星系的光芒，看上去比较暗，所以得名黑暗星云。

【宇宙射线】
宇宙空间中以超高速飞行的基本粒子和原子核等，能量很高。一旦碰到冰壳，它的能量促使化学反应发生，有机物就有可能产生。

近距直击

究竟能否解开生命起源之谜？"隼鸟2号"起飞！

继"奇迹般返回地球"的小行星探测器"隼鸟1号"之后，"隼鸟2号"于2014年发射升空，这次的目标是"1999 JU3"（龙宫）小行星。这颗小行星和小行星"丝川"不同，科学家认为它的表面物质中含有有机物和水（含水物质）。一旦将这些物质带回地球，我们就可能解开太阳系诞生和生命起源之谜。该探测器预计于2020年12月返回地球。

着陆在人工制造的陨石坑的"隼鸟2号"的模拟图

小陨石
体积大的陨石会使得海水蒸发，有机物将没有机会溶于海水，所以带来有机物的是相对比较小的陨石。

彗星
彗星是以冰为主体的微行星的残骸。独具特色的尾巴是由因太阳热量而升华的气体成分被太阳风吹散而形成，含有机物尘埃。

---

5. 溶解到海洋的有机物

有机物辗转来到海底热泉。因为这里温度很高，所以多种物质混合的热泉周围极易发生化学反应。有机物只是单纯的物质，但是倘若不停发生化学反应，就会向生命迈进。

有机物
以氨基酸和碱基为代表的生命不可或缺的物质。

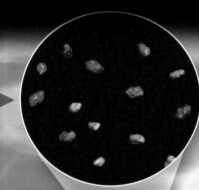

4. 陨石和尘埃均进入海洋

大约40亿年前的地球，几乎没有陆地，大部分都被海洋所覆盖。科学家认为此时有富含有机物的陨石落进海洋，经过地球附近的彗星也会撒播有机物尘埃。

小行星

3. 约40亿年前的地球

地球诞生之初，在没有成为行星的微行星中，有一部分成为彗星或小行星，飘荡在太阳系中。这些天体不久接近地球，撒落富含有机物的尘埃或撞击地球，由此将有机物送至地球。

海底热泉
渗透到地下的海水经过加热喷涌而出。被公认为是地球上诞生最原始生命的场所。

太阳和地球诞生的场所——黑暗星云是飘浮在宇宙中的气体和尘埃的集合体。大部分的尘埃是铁、碳和构成岩石的硅等无机物。然而近年来，人们认为黑暗星云中有可能已经存在作为生命元素的有机物。但是，因为高温下有机物会分解，所以很难想象经过天体之间激烈的撞击有机物还可以存活。我们追寻着有机物的步伐，看它是如何被带到地球上的。

原理揭秘

生命的元素到达地球之前

1. 黑暗星云

黑暗星云是零下 263 摄氏度极其寒冷的世界。其中的尘埃被一层由水、一氧化碳和氨组成的冰层所包围，我们称它为"冰壳"。在这些尘埃上施加宇宙射线和紫外线等能量，经过化学反应，有可能会产生有机物。

冰壳
尘埃的直径在 0.5 微米左右。被宇宙线照射的话，就有可能在尘埃和冰层之间产生有机物。

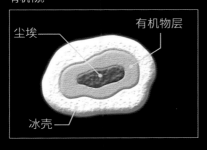

尘埃　　　　　有机物层

冰壳

马头星云
黑暗星云至今仍能观测到。照片中的马头星云在猎户座的方向，距离地球 1500 光年，是黑暗星云的代表之一。

微行星
黑暗星云的尘埃聚集成直径 1～10 千米的小天体，是组成行星的原料。

2. 原始太阳系圆盘

黑暗星云不久就因离心现象变形为圆盘状。它的中心产生太阳，周围堆满尘埃，形成叫微行星的小天体。这个时候有机物也被微行星所吸收。微行星相互撞击融合，形成行星。

约 6 亿年后

原始太阳
黑暗星云的气体收缩形成的婴儿期太阳。光芒还很微弱。

生命的诞生

生命的摇篮在深海海底

生命的元素被带到原始地球。其次要实现的是从『物质』到『生命』的进化。拥有复杂系统的生命于何处、又是如何诞生的呢？

生命诞生的场所是海底热泉

生命的元素产生于宇宙空间，随后被陨石和彗星带到地球上。那些元素到达地球时，说到底还只是物质，并非生命。它们应该是在地球上的某个地方进化成生命的。

如今科学家认为这个地方应该是海洋。人体的水分和海水的成分十分相似，再加上海水中溶解了多种化学物质，是进行化学反应的最佳场所。从物质变为生命，海洋发挥了极大的作用。

不过，海洋中的环境也是千差万别的，深海海底热泉才是生命诞生的舞台。从海底突起的烟囱状构造中喷射出被地下岩浆加热的高温水，热泉周围存在大量形成生命所需的有机分子。

在我们看不到的黑暗的深海海底中，与当今人类息息相关的最初的生命诞生了。

海底热泉或许是地球的"子宫"吧！

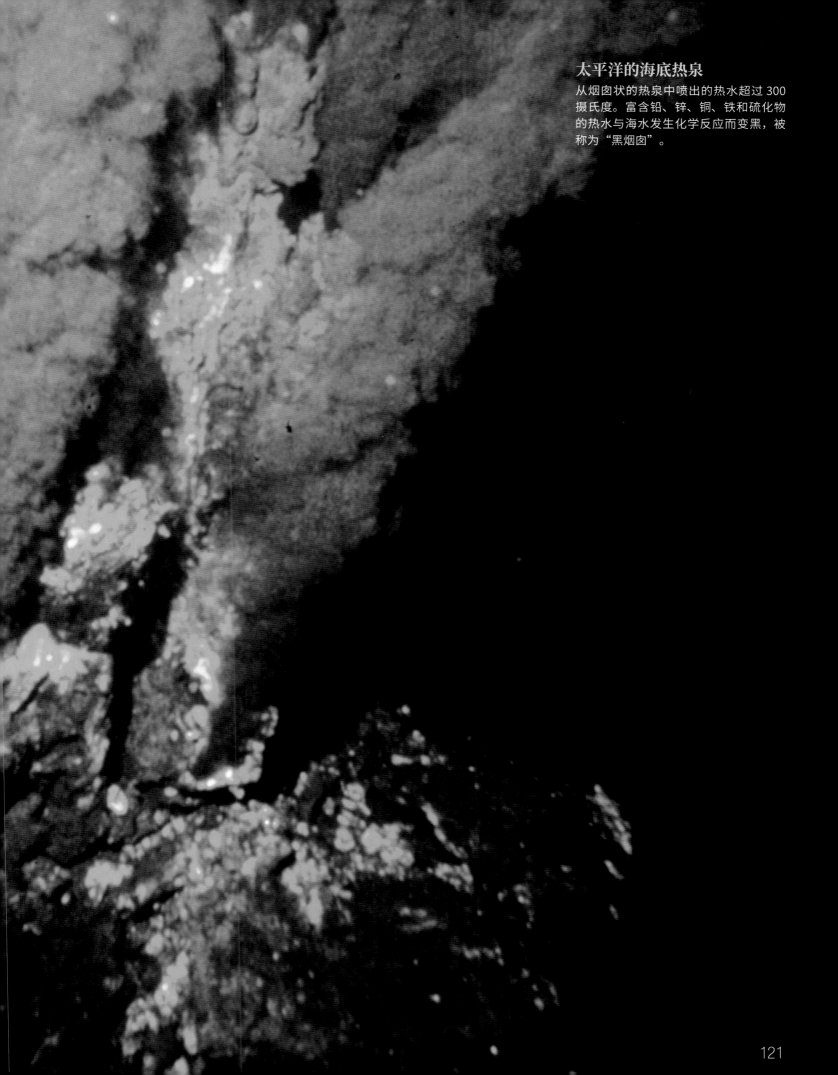

太平洋的海底热泉

从烟囱状的热泉中喷出的热水超过 300 摄氏度。富含铅、锌、铜、铁和硫化物的热水与海水发生化学反应而变黑，被称为"黑烟囱"。

深海潜水器阿尔文号

完成首次载人任务的深海潜水器，可下潜到4500米。1964年下潜服役至今。1977年发现热泉，1986年进行针对泰坦尼克号的调查，功勋卓著。照片上的深海调查情形拍摄于1992年。

地球上最早的生命 是从『低等分子』进化而来的

水深数千米的深海海底，由于光线难以到达此处而无法进行光合作用[注1]。不过，在普通生物难以生存的海底，有些地方依然能看到众多生物聚集，令人惊叹。

那里可以见到若干叫作"烟囱"的管状物体。在岩浆的作用下，水被加热到300摄氏度以上，从烟囱的顶端宛如黑烟一般喷发出来。这里就是人称"生命诞生处"的海底热泉。

充满生命气息的"海底烟囱"

海底热泉是1977年深海潜水器阿尔文号潜至加拉帕戈斯群岛附近海域约2500米处时发现的。从那以后，全世界找到了许多不依靠光合作用而生生不息的生物。这个事实现在广为人知。

热泉中充满热能，富含甲烷和氨，周围还存在丰富的金属离子。在这样的条件下，那些来自宇宙的生命元素通过"化学进化"向生命发展。

在澳大利亚西部皮尔巴拉地

 假如 **倘若填满大海的液体不是水……**

地球上存在的生命都以水为溶剂（发生化学反应的场所），因此如果没有水也就没有生命的存在。然而，与地球生命不同的生命形式，或许可以依靠水以外的液体存活。土星的卫星土卫六被厚厚的气体所覆盖，从这些气体中也检测出了有机物。在这片离太阳非常遥远的土地上，虽然水都结冰了，但是这里有以液态乙烷为主要成分的湖泊。说不定土星上存在与地球生命完全不同的生命形式，可以用液态乙烷代替水而存活。

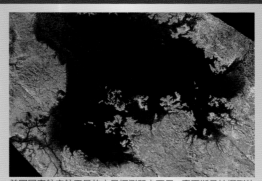

美国国家航空航天局的土星探测器卡西尼-惠更斯号拍摄到的土卫六的湖泊

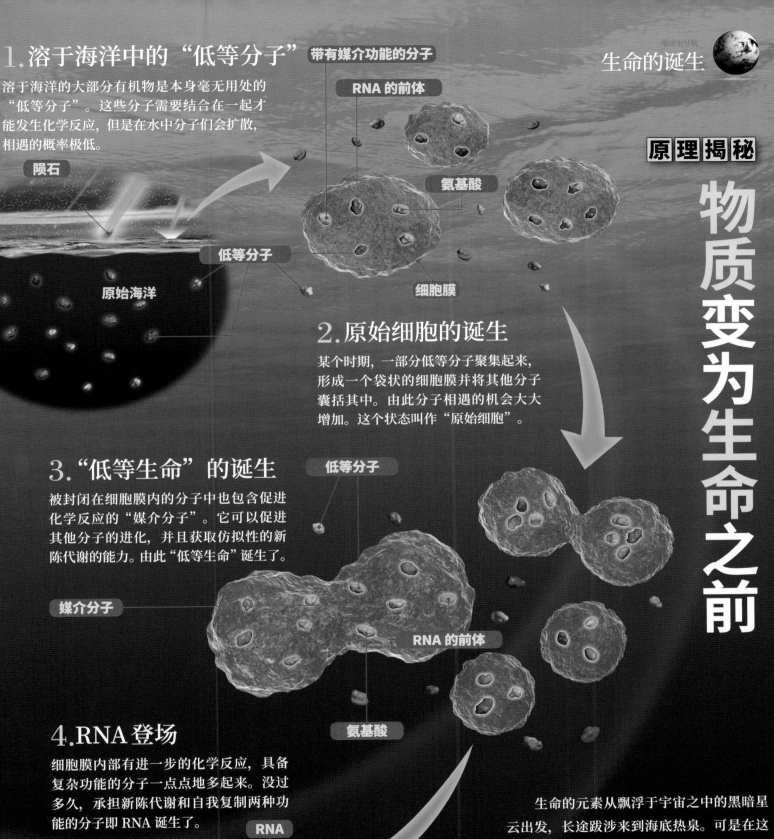

原理揭秘

物质变为生命之前

1. 溶于海洋中的"低等分子"

溶于海洋的大部分有机物是本身毫无用处的"低等分子"。这些分子需要结合在一起才能发生化学反应，但是在水中分子们会扩散，相遇的概率极低。

陨石

原始海洋

低等分子

带有媒介功能的分子

RNA 的前体

氨基酸

细胞膜

2. 原始细胞的诞生

某个时期，一部分低等分子聚集起来，形成一个袋状的细胞膜并将其他分子囊括其中。由此分子相遇的机会大大增加。这个状态叫作"原始细胞"。

3. "低等生命"的诞生

被封闭在细胞膜内的分子中也包含促进化学反应的"媒介分子"。它可以促进其他分子的进化，并且获取仿拟性的新陈代谢的能力。由此"低等生命"诞生了。

低等分子

媒介分子

RNA 的前体

氨基酸

4. RNA 登场

细胞膜内部有进一步的化学反应，具备复杂功能的分子一点点地多起来。没过多久，承担新陈代谢和自我复制两种功能的分子即 RNA 诞生了。

RNA

核酸构造分子

生命的元素从飘浮于宇宙之中的黑暗星云出发，长途跋涉来到海底热泉。可是在这个阶段，它们只是结构单纯的物质，与 DNA 和蛋白质等非常复杂的生命零部件完全没有可比性。

在此，我们以"低等分子世界假说"为理论基础，见证物质变为生命的全过程。

地球博物志

陨石坑

| *Impact Crater* |

讲述冲撞的能量，宇宙使者的足迹

现在的地球上，每年都有成千上万个飞来的陨石。大部分陨石都在大气圈中燃尽了，但是偶尔会有陨石到达地表并形成陨石坑（陨石冲撞的痕迹）。陨石坑由于地表上的侵蚀风化作用而逐渐消失，现在可以认定的陨石坑不足200个，大多保持了壮美的景观，让人切身感受到陨石冲撞时的巨大威力。

陨石坑的形成

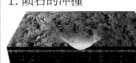

1. 陨石的冲撞

冲入大气圈时的速度达到每秒数十千米。冲撞会产生巨大的冲击波。

2. 冲击波扩大

波及地下的冲击波会卷起地表的沙石和岩石。

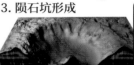

3. 陨石坑形成

冲击部分发生凹陷，飞散的物质堆积起来，形成陨石坑的边缘。

【巴林杰陨石坑】

| *Barringer Crater* |

位于美国科罗拉多高原，此处降水量较少，所以这里的陨石坑保存完好。这里的地表环境与月球表面相似，十分荒凉，所以曾被当作阿波罗计划的训练基地。该陨石坑的名字来自矿山技师 M. D. 巴林杰。他认为如此巨大的陨石坑底部一定埋藏着大量的铁陨石，并于1903年开始开采。然而，构成陨石坑的陨石直径只有20～30米，因此他的远大理想没有实现。

数据

地点	美国亚利桑那州
直径	约1.2千米
年代	49500年前

加拿大
美国
● 巴林杰陨石坑
太平洋

形成巴林杰陨石坑的铁陨石的碎片

在可以确认的陨石坑中面积是最大的，特征是内部的凹陷很浅，中间部分隆起。1970年在流经附近的曼尼古根河上建造了一个堤坝，因此环状的凹陷部分变成了湖泊。据推测，冲撞的小行星直径在3.3～7.8千米之间，在冲撞的同时它的物质成分也飘散到大气上层。2013年9月，日本岐阜县的木曾河沿岸等地发现了那些成分。

【曼尼古根陨石坑】

| *Manicouagan Crater* |

数据

地点	加拿大魁北克省
直径	约72千米
年代	2亿1500万年前

拦截曼尼古根河的丹尼尔·约翰逊大坝

加拿大
● 曼尼古根陨石坑
美国

【狼溪陨石坑】

| Wolf Creek Crater |

1947年由一名客机乘客发现。这个陨石坑的形状是稍稍有些变形的圆形，飞溅物的分布也不是轴对称的，因此可以断定陨石是斜着撞击的。自古以来当地的土著居民就认为陨石坑的圆形边缘是由一条彩虹色的巨大蟒蛇盘踞而形成的。好几个与之相似的陨石坑神话流传至今。

DATA	
地点	澳大利亚西澳大利亚州
直径	约875米
年代	约30万年前

陨石坑内部排水良好，植被繁茂

● 狼溪陨石坑

澳大利亚

印度洋

【戈斯峭壁陨石坑】

| Gosses Bluff Crater |

……照片中央的凹凸部分，是在剧……撞击下隆起的突出部分经过……化作用后所残存下来的痕……，外部边缘已经消失殆尽。……里是土著居民的圣地，在他……的神话里，这里是银河女神……小心落入凡间的摇篮。

● 戈斯峭壁陨石坑

澳大利亚

印度洋

数据	
地点	澳大利亚北领地
直径	约5千米
年代	1亿4250万±80万年前

近距直击

陨石坑独特名称的由来

地球以外天体的陨石坑各有名称，每个天体都有主题。水星的英文名 mercury 是艺术之神的名字，它的陨石坑就以全世界的艺术家命名，比如有的陨石坑以葛饰北斋和俵屋宗达等日本艺术家的名字命名。金星的名字来自美的女神，因此它的陨石坑多以著名女性命名。月球的陨石坑则多以天文学家和科学家的名字命名。

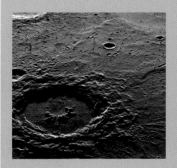

美国国家航空航天局的探测器"信使号"拍摄到的北斋陨石坑（左图）。直径约为95千米，被认为是水星上最年轻的陨石坑之一

杰出人物

解开陨石坑之谜、凝视宇宙的地质学家

地质学家、天文学家
尤金·苏梅克
（1928—1997）

直径数十米的陨石撞击地表，可以形成直径超过1千米的陨石坑。在20世纪中叶以前，很少有人相信这一点。在一段时期里，巴林杰陨石坑也被认为是火山喷发形成的。苏梅克是首位从巴林杰陨石坑和地下核试验场地貌的相似点出发证明陨石冲撞可以形成大型陨石坑的地质学家。之后几年他转向研究宇宙，作为天文学家成绩卓著，最为杰出的贡献是在1994年发现了撞击木星的苏梅克-列维九号彗星。

【洛特·卡姆陨石坑】

| Roter Kamm Crater |

目前陨石坑的深度为130米，但是底部的沙石堆积有100多米，事实上是非常深的。尽管不断被风化，但是它的轮廓从太空中还是能够清晰辨认的。它的名字在德语中的意思是"红色的梳子"。看似梳齿的外轮山在朝阳和落日的映照下发出红色的光辉，因此得名。

纳米比亚

● 洛特·卡姆陨石坑

南大西洋　　印度洋

数据	
地点	纳米比亚
直径	约2.5千米
年代	3700万年前

世界最大、最古老的陨石坑

弗里德堡陨石坑

位于南非中部自由州省，2005年被列入《世界遗产名录》。

这个陨石坑位于南非城市约翰内斯堡西南约120千米处，是地球上被确认的陨石撞击痕迹中最大、最深、最古老的陨石坑。它是20亿2300万年前由直径10～12千米的陨石撞击而形成的，直径达到140千米。

弗里德堡陨石坑的卫星照片

据说陨石撞击的时候释放的能量是地球史上最大的。因为陨石坑太大，它的全貌（照片中央偏下的马蹄形状部分）只能通过卫星照片来确认。

陨石坑内部的大自然

外部边缘部分因风化而消失，中心部分为直径50千米的圆形地貌。撞击之下，地下深藏的岩石露出，成为山脉。

**因摩擦生热而熔化的岩石
"假玄武玻璃"**

弗里德堡陨石坑中，陨石撞击时的摩
擦产生的热量熔化了花岗岩，这些花
岗岩在凝固后形成的岩石层绵延数十
米，宽约1米，裸露在地面上。被称
作"假玄武玻璃"的断层岩是在巨大
的陨石坑中常见的岩石层。

地球是一个巨大的生命体？

盖亚理论的光与影

1979年，有一本叫作《地球生命圈——盖亚的科学》的书不仅在自然科学界，而且在世界范围内引起轩然大波。

地球本身是有意志的吗？接下来走向何方？

"盖亚"是古希腊神话中大地女神的名字。《地球生命圈——盖亚的科学》这本书将地球拟人化，用"盖亚"来称呼地球，牛津大学出版社出版伊始就遭到了主流科学家们的一致反对。

"地球是活着的？开什么玩笑。不要把神话传说带入科学。"

另一方面，狂热追随盖亚理论的则是新科学的科学家、环保论者和普通读者。

"多么自由创新的构想啊！""地球本身似乎也有意志。所有事物都集结在一处，相互影响。""我们必须要感恩我们有幸生存。""地球上的生命对于'盖亚'来说只不过是一件长袍。想到过去的大灭绝，那是'盖亚'多次脱去这件长袍。"诸如此类。

各种言论漫天飞舞。

盖亚理论究竟是什么样的理论？

环境与生物之间绝妙的相互作用

理论的提出者是希腊科学家詹姆斯·洛夫洛克。

他取得化学和医学的学位后，在哈佛大学、耶鲁大学教授工程学、生理学和信息控制系统等。他在美国国家航空航天局参与行星大气和地表分析时，盖亚理论萌芽了。他的脑海中浮现出几个疑问：

远古时代的地球从太阳接受的热能比现在要弱得多。根据记录生命的化石，地球的气候只发生了小幅变化。这是为什么呢？而且这个气候和化学环境总是最适合生命生存的。这个奇迹是怎么发生的呢？

于是洛夫洛克将大气、海洋和地质一类的地球化学与生物学结合起来了。这之前，对于生物而言，所谓的环境只是自然淘汰的场所，然而事实不仅仅如此。生物反而更灵

詹姆斯·洛夫洛克

1919年生于希腊。52岁时首次提出盖亚理论。1997年获得日本旭硝子财团设立的"蓝色星球奖"，这个奖项被称为"地球环境问题的诺贝尔奖"。获奖时洛夫洛克初次来日本，对日本十分有好感。他以位于英国西南部被大自然所包围的自家住宅为根据地，持续开展科研活动。

左图出自《盖亚——地球是个生命体》。洛夫洛克把生物与非生物浑然一体、拥有自我调节系统的生态系统称为"超生物"

大规模崩塌的阿拉斯加冰河。在全球气候变暖的影响下，冰河和北极的浮冰在逐年减少。虽然这些浮冰可以让世界保持凉爽一些……

在地球46亿年的历史中，40亿年间只有微生物存在。假设现在"盖亚"的年龄是100岁，那么在它99岁的时候，人类这种有智慧的生物诞生了。洛夫洛克说："真正的谜团是地球漫长的童年。"

了这种属于搬运化合物的碘甲烷和二甲基硫是由海洋生物直接产生的。"

来自海洋的碘和硫可以促进陆地植物的生长发育，植物的根加速岩石的风化，通过风化，陆地的营养素加速流入海洋，海洋生物因此得到滋润——巨大的生命体"盖亚"反复进行这种循环而生存。

"盖亚"会向人类报复吗？

盖亚理论的信奉者是这么说的：

"人造卫星观测和计算机模拟技术的发达加深了我们的认知深度，现如今"盖亚"已经在科学界达成共识。"

另一方面，持反对意见者是这样讲的：

"假设地球是一个生命体，那么它走向何方，为了什么而生存呢？答案超出了人们的认知范围，那已经不属于科学，而是盖亚教了吧！"

无论是赞成还是反对，随着全球气候变暖危机加剧，盖亚理论获得了公众的理解。近年来，洛夫洛克为我们敲响了警钟："全球气候变暖是'盖亚'在散发热能。"人为的环境破坏和化石燃料大量消耗导致"盖亚"的生理机能严重失衡。洛夫洛克在著作《盖亚的复仇》中写道：

"地球的气候朝着地狱般的状态高歌猛进。酷暑和严苛的条件不是小打小闹，所以目前地球上的数十亿人中，能够活到最后的屈指可数。"

正因为如此，他才一直倡导要改变人的意识。"盖亚"已然是一位80多岁的老者了，在太阳的过度加热下，再过10亿年就存活不下去了……

活地作用于环境。一切如网眼一般相互联系。"地球整体就是一个巨大的生命体。"

这是前所未有的视角。这个巨大的生命体被洛夫洛克的朋友——诺贝尔文学奖得主威廉·戈尔丁命名为"盖亚"。

1969年，洛夫洛克首次在学会上发表了"盖亚"的设想，招致一片嘲笑和批评。只有学究式的生物学家马古利斯表示赞同。此后，洛夫洛克与她合作研究，进行具体的论证。10年后，《地球生命圈——盖亚的科学》一书出版。

譬如，关于所有的生物学系统中必需的碘和硫的转化，书中都有涉及。

"碘和硫从其含量极为丰富的海洋中输出，经由空中，被送到两种物质不足的地表。这个发现十分有价值。我们了解

2000—2010年间的调查显示，一个小时内，从世界上消失的森林面积相当于127个东京巨蛋体育场的面积

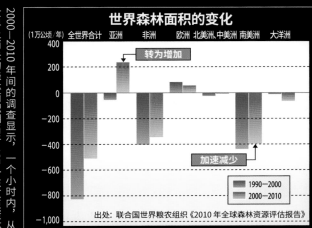

世界森林面积的变化

（1万公顷/年）全世界合计　亚洲　非洲　欧洲　北美洲　中美洲　南美洲　大洋洲

转为增加

加速减少

1990—2000
2000—2010

出处：联合国世界粮农组织《2010全球森林资源评估报告》

Q 能在极限环境中生存的生物是否存在？

A 众所周知，在深海的热泉周边形成了各种各样生物的生态系统。那里是有数十兆帕超高压的黑暗世界，在这个环境中浅海生物是无法存活的。不过，就在这个我们平时所见的生物难以生存下去的环境中，科学家发现了许多生物。在超过 100 摄氏度的水温环境中生存着超嗜热菌，除此之外，还有能经受住对人致死量 1000 倍以上放射性辐射的微生物和在强碱性或者酸性环境下存活的微生物。"蒲公英任务"的目的之一，就是探索宇宙环境下微生物存活的可能性。

Q 火山的喷发口也是"环形山"？

A 事实上环形山这个词是指圆形凹陷状态的事物。除了陨石冲撞形成的地质构造，火山的喷发口也被称作"环形山"。为了区分两者，由火山形成的称为"火山性环形山"，由陨石撞击形成的称为"陨击环形山（即陨石坑）"。关于月球表面的凹陷是火山形成的还是陨石冲撞形成的，人们争论不断，最终在 20 世纪 60 年代美国进行的阿波罗计划中得知是陨石冲撞形成的"陨击环形山"。

火山喷发口呈圆形凹陷状，该地形被称为"环形山"

Q 火星上是否有生命存在？

A 有段时期，人们猜测火星上的运河是火星人开凿的。20 世纪中叶，通过探测器观测火星成为可能，运河和火星人都被否定了。不过，有段时期火星曾经十分温暖而且表面存在大量的水，即使诞生了简单的生命也不奇怪。从 20 世纪 60 年代起，美国国家航空航天局陆续将探测器送入火星。现在大型的火星探测车正一边在火星表面移动，一边尝试进行有机物的检测。火星探测今后也会继续进行，我们有可能会发现过去生命的痕迹或者现存的生命。

根据火星探测的结果显示，火星上有水流过的痕迹，并在沙石中发现了微量的水分

Q 细菌和病毒的区别是什么？

A 细菌能够通过细胞分裂而繁殖，病毒则无法单独繁殖。病毒存在于其他生物的细胞内部，必须利用其他细胞才能繁殖。此外，细菌既有 DNA 也有 RNA，而病毒只拥有其中的一个。感染病原性细菌的话，毒素出来会破坏细胞。另一方面，若病毒在细胞内过度繁殖，就会破坏这个细胞冲到外面，进而感染其他细胞。细菌的大小约为 1 毫米的 1/1000，病毒约为细菌的 1/100。

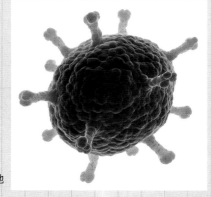

病毒的图示，病毒若不利用其他细胞就无法繁殖

磁场的形成和光合作用

27亿年前

［太古宙］

太古宙是指40亿年前—25亿年前的时代。在这个时期，地球上诞生了最初的生命，继而出现了进行光合作用的生物，地球环境开始发生巨大变化。

第 137 页 图片 /PPS
第 138 页 图片 /Aflo
第 140 页 插画 / 月本佳代美
第 141 页 插画 / 斋藤志乃
第 142 页 图片 / 美国国家航空航天局 / 太阳动力学天文台 / 太阳大气成像仪 / 戈达德太空飞行中心
第 143 页 图片 / 阿玛纳图片社
        图片 / 美国国家航空航天局 / 喷气推进实验室 / 太空望远镜科学研究所
第 144 页 本页图片均由 PPS 提供
第 145 页 插画 / 斋藤志乃
        图片 /PPS
第 146 页 图片 / 美国国家航空航天局档案 / 阿拉米图库
        插画 / 真壁晓夫
        本页其他图片均由 PPS 提供
第 148 页 插画 / 月本佳代美
第 150 页 图片 /PPS、PPS
        插画 / 斋藤志乃
第 151 页 图片 / 世界历史档案 / 阿拉米图库
第 152 页 插画 / 斋藤志乃
        图片 / 小宫刚
        图片 /PPS
第 153 页 插画 / 三好南里
        图片 / 川上绅一
第 154 页 图片 / 阿玛纳图片社
        图片 /Aflo
        插画 / 真壁晓夫
第 157 页 图片 /PPS
第 158 页 本页图片均由 PPS 提供
第 159 页 图片 /123RF
        图片 / 安德烈斯·卡普勒博士
第 160 页 插画 / 斋藤志乃
        图片 / 日本海洋科技中心
        图片 /PPS
        图片 / 乌尔里克·多林 / 阿拉米图库
        图片 / 峰岸宏明 / 东利晃 / 东洋大学
第 161 页 图片 / 卡万 / 阿拉米图库
        图片 / 日本海洋科技中心
        图片 / 东京农工大学仪器分析设备专业野口惠一博士（副教授）
        图片 / 日本原子能机构
        图片 /H. 马克·韦德曼 / 阿拉米图库
        图片 /PPS
第 162 页 图片 / 阿玛纳图片社
        图片 /PPS
        图片 /Aflo
第 163 页 图片 / 阿玛纳图片社
第 164 页 图片 /PPS
第 165 页 图片 /123RF、123RF
        图片 /PPS
第 166 页 图片 /Aflo、Aflo

—顾问寄语—

岐阜大学教授 川上绅一

科学界普遍认为，地球的生命诞生在海底热泉附近。

27 亿年前对上述生命来说是巨大的转折点。

这个时期，地球被强磁场所包围，得以阻挡住从太阳喷发出的有害的太阳风。

生命从深海演化到浅海，获得了以太阳能为能量源泉的光合作用这一功能。

解开同时期发生的这两个谜团的研究进行到了何种地步呢？

磁场形成的薄纱

点缀在极地上空的极光犹如薄如蝉翼的衣服随风飘动。在中世纪的欧洲，它被当作灾祸的前兆而让人闻风丧胆。极光这一现象源于太阳喷射的太阳风。对生物有害的太阳风会被地球的磁场所阻挡，但有极少一部分渗透到极地，接触到大气而发出光芒。这遍布天空的神秘光芒，正是我们承蒙地球庇护的铁证。

北极圈的极光

点缀在挪威北部特罗姆斯郡夜空中的极光。特罗姆斯郡是世界上屈指可数的极光观测地，自古以来就被当作研究极光的据点。极光之名来自罗马神话中驱赶星星的曙光女神奥罗拉，据说是由伽利略·伽利雷命名的。

初生的极光

极光大约是在 27 亿年前首次在地球出现。这个时期，强磁场产生了并且包裹住了整个地球。磁场起到屏障的作用，一方面阻挡来自太阳的太阳风，另一方面，太阳风的一部分会沿着磁场加速下降，从而与极地大气反应并发出光芒，这就是极光。决定极光颜色的是发生反应的大气成分。当时地球上几乎不存在发出绿色光的氧，因此科学家认为太阳风和氮反应后发出的红色极光渲染了当时极地的天空。

地球的极地　太阳

极光

磁场的形成

守护生命的屏障——磁场诞生

在海底深处，生命诞生了。约10亿年后，地球的磁场急速增强。这个看不见的力量不仅可以让罗盘的指针指向南北，还与生命的繁荣息息相关。

地球是飘浮在宇宙中的巨大磁石。

迈向"生命之星"的看不见的一大步

最早的生命诞生后又过去了10亿年。当时的地球上，满眼是与现看起来相似实则完全不同的风景。

地表被几乎不含氧的大气覆盖，贫瘠的荒野连绵不绝，生命无迹可寻。海洋中，诞生不久的生命一直持续进化着，却依然是肉眼看不见的微小生命。此外，当时的地球还有一点与现在的地球截然不同——太阳风不间断地喷洒在地球上。

虽说有个"风"字，但太阳风其实不是空气流，而是地球附近10万摄氏度左右的等离子体粒子流。因为太阳风是对生物有害的放射线，所以除了太阳风不可及的深海，地球其他地方的生物都无法存活。

27亿年前，地球迎来转机。这个时期，位于地球中心的地核发生变化，此前还很微弱的地球磁场快速增强。强力的磁场起到类似屏障的作用，开始阻挡太阳风。这个看不见的变化为只能在深海悄悄生存的生命开辟了繁荣的道路。

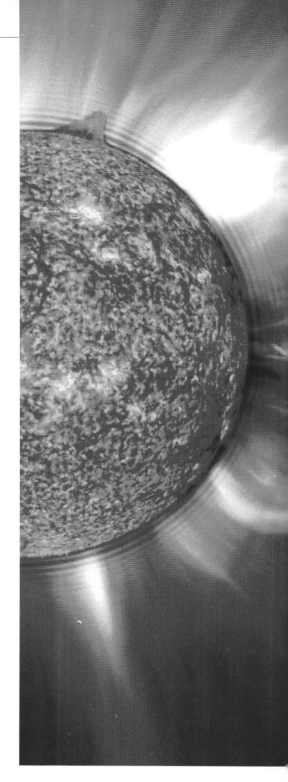

带来太阳风的太阳耀斑
太阳提供生命不可或缺的太阳光，还会释放太阳风等有害物。如果太阳耀斑爆发的话，太阳风的释放量就会增加。

磁场这样守护地球

太阳风

太阳风其实是太阳大气中的日冕在宇宙空间中放电的结果。它的速度超过每秒 400 千米，可以一直波及距离太阳 60 亿千米的冥王星。

地球磁场发生在地底深处，并且超越大气圈，直达宇宙空间。在金星和火星等没有磁场的行星上，太阳风会直接冲击大气上层部分和电离层，导致空气被剥离。因此，磁场是地球存在生命必不可少的条件。尽管我们无法亲眼看见磁场产生的机制和包裹住地球的样子，但可以通过人工卫星的观测和计算机的模拟实验大致了解它。让我们来看看守护地球母亲的磁场吧！

4. 磁力线

产生的磁力从南到北沿着无数的磁力线包围地球，地球磁力慢慢扩展，磁场因此而生。

3. 对流

扭曲的对流相当于电磁铁的线圈，产生电流，从而产生磁力。

地球内部的"发电机"

磁场来自发生在外核的螺旋状的对流。这个对流的作用类似电磁铁的线圈，产生从地磁北极出发朝向地磁南极的磁力线。对流主要通过外核的热量和地球的自转产生。

1. 外核

包裹内核的液态金属层，厚度在 2200 千米左右。热量会向外逃逸，所以形成了从下到上又从上往下的对流。

2. 自转

地球自转会影响外核，会使上下的对流扭曲，形成螺旋状的对流。

光合作用的开始

阳光和生物邂逅的产物

生命史上最大的「发明」

生命大约诞生于38亿年前，此后的十几亿年间，其构造一直非常单纯。它们脚踏实地地进化着，在27亿年前，获得了改变生命历史的能力。

何谓最成功的生物——蓝藻？

由于强磁场的形成，太阳风对27亿年前的地球的影响减少了。几乎是在同时，各个大陆周围的浅滩都发生了某种变化。

各处浅滩出现了一眼看上去像是岩石的物体。如果可以将时间快进，我们就能观察到它们一点点长大并不断释放氧气气泡的情景。这就是"叠层石"，是真正的细菌群体"蓝藻"所建造的沉积物。

生物进化到现在，有了各种各样的"发明"：观察外界的眼睛、捕食他者的嘴巴、保护自己的皮肤和外壳、让陆地行走变为可能的脚、将自己的活动范围扩大到蓝天的翅膀。这些无疑都是伟大的发明，但是蓝藻所掌握的能力被称为缔造生命的"终极发明"。那便是利用光能、水和二氧化碳制造出营养（糖）的光合作用。这个现在在地球上不可或缺的活动，实际上在27亿年前，小小的蓝藻就已经开始进行了。

蓝藻旺盛繁殖

大约27亿年前陆地周围浅海的想象图。具有和现在植物相同的光合作用能力的蓝藻繁殖旺盛，它们形成的叠层石遍布浅海。

进行光合作用的
植物都继承了蓝
藻的能力。

149

两种光合作用机制合并后诞生的『产氧型』光合作用

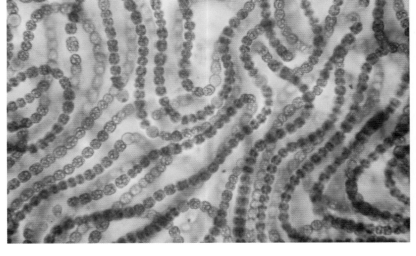

蓝藻

水陆均有分布，目前确认超过 1500 种，有球状、线形等多种形态。图为线形的念珠藻属的一种蓝藻。

"为什么植物仅靠水就能存活呢？"

古希腊哲学家亚里士多德认为原因在于"土壤中含有完美的营养"。植物其实是从土壤中吸收水分并且利用它进行光合作用的，不过人类认识到这一点是在 19 世纪末，而完全探明光合作用的机制已经是 20 世纪下半叶的事情了。

接受光能的植物细胞内有惊人的变化发生——分解水取出电子[注1]，利用它和二氧化碳制造糖，这个过程中氧气作为废弃物被排出，简直就是化学工厂。蓝藻是地球上最早获得这项能力的生物。那么它是如何诞生的呢？

早期地球上开始利用阳光的细菌

一般认为，地球上刚刚诞生的生命是利用海底热泉所释放的硫化氢[注2]和甲烷的化学合成获得能量的。热泉可能会枯竭，因此生命如果仅仅依赖热泉，想要大范围繁荣是很困难的。此时，蓝藻的前身，一种进行原始光合作用的细菌登场

了。这种细菌被看作是现存的绿色硫细菌和厌氧氨氧化菌的祖先，它们利用光能合成养分，能比其他生命更稳定地获取能量。可是，与蓝藻及当今植物所进行的光合作用相比，它们利用光能的方式有所不同。

我们所熟知的光合作用有两套系统，分别称作"光系统Ⅰ"和"光系统Ⅱ"，通过分解水等合成糖分或者排出氧气。普遍认为绿色硫细

现存的光合作用细菌

绿色硫细菌（左图）和厌氧氨氧化菌（右图）。这种细菌接触氧就会死亡，大部分生活在硫黄泉和含氧量较低的水中。

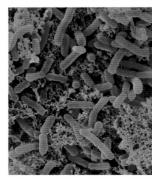
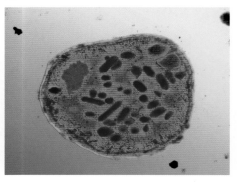

观点⟳碰撞

蓝藻大量繁殖的原因之一是地球内部的巨变？

一般认为，现在地球地幔最下层和最上层之间存在巨大的对流。而在早期的地球上，以地下 660 千米附近为界限，上下分别都有对流产生。大约 27 亿年前，地核的对流变得活跃，上下两个对流合成了一个强大的对流，使得地壳运动变得频繁并推动大陆形成。而新大陆的增加又促使最适宜光合作用的浅海不断增加。再加上，人们相信这个时期阻挡太阳风的磁场屏障已经形成，因此科学家以为地球内部的变化和蓝藻的繁荣息息相关。

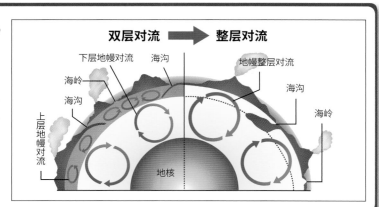

双层对流 ➡ 整层对流

下层地幔对流 海沟 地幔整层对流
海岭 海沟
海沟 海岭
上层地幔对流
地核

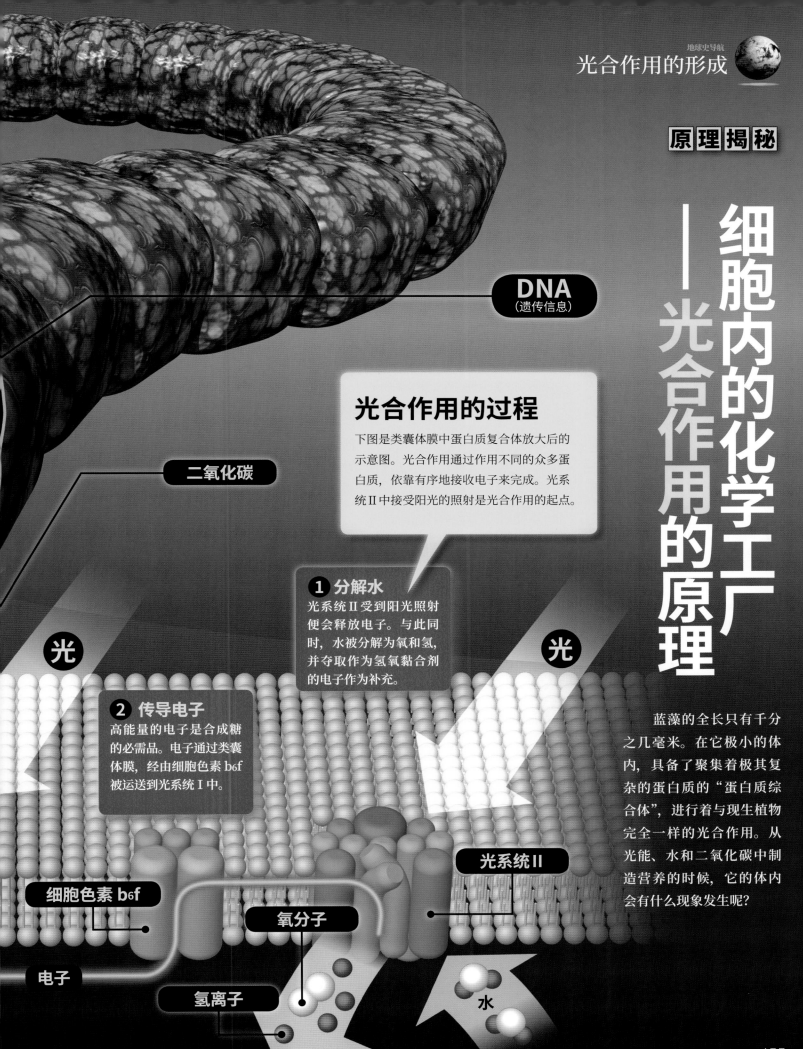

原理揭秘

细胞内的化学工厂
——光合作用的原理

DNA
（遗传信息）

二氧化碳

光合作用的过程

下图是类囊体膜中蛋白质复合体放大后的示意图。光合作用通过作用不同的众多蛋白质，依靠有序地接收电子来完成。光系统Ⅱ中接受阳光的照射是光合作用的起点。

❶ 分解水
光系统Ⅱ受到阳光照射便会释放电子。与此同时，水被分解为氧和氢，并夺取作为氢氧黏合剂的电子作为补充。

❷ 传导电子
高能量的电子是合成糖的必需品。电子通过类囊体膜，经由细胞色素b6f被运送到光系统Ⅰ中。

光

光

蓝藻的全长只有千分之几毫米。在它极小的体内，具备了聚集着极其复杂的蛋白质的"蛋白质综合体"，进行着与现生植物完全一样的光合作用。从光能、水和二氧化碳中制造营养的时候，它的体内会有什么现象发生呢？

光系统Ⅱ

细胞色素 b6f

氧分子

电子

氢离子

水

155

与氧气邂逅的生命

氧气是生命最早面对的环境污染。

未知物质氧气所带来的生命大变动

地球上，蓝藻大量繁殖，以至于氧气越来越多。这起事件给当时的生命带来了意料之外的考验。

对生命来说，氧气曾经是非常危险的毒气。

17世纪，西方殖民者来到印度洋上的毛里求斯岛，导致岛上的本土物种渡渡鸟灭绝。可见环境的变化时刻威胁着生物的生存。

27亿年前的地球上也发生了类似的事件，罪魁祸首是蓝藻通过光合作用释放出的氧气。

氧气是大型生物生存下去必不可少的，与此同时，它也具有氧化并破坏生物细胞的毒性，是一种非常危险的物质。在蓝藻出现之前，地球上几乎没有氧气，从那样的环境中进化而来的早期生命体都无法抵抗氧气的毒性。

由于海洋中氧气突然增加，有些生物灭绝了，有些被逼到了氧气无法到达的深海和泥沼中。蓝藻的出现带来了地球生命史上最早的"环境污染"。

厌氧菌逃遁
当海水中开始充斥大量氧气时，一部分不具有耐氧性的生物就会逃到海洋深处。不需要氧气的细菌被称为"厌氧菌"，即使在现在的地球上，它们的后代也生活在海底、泥沼、动物肠道等这些氧气无法到达的场所。

与氧气邂逅的生命

与氧气邂逅诞生的新生命

1774 年，英国化学家约瑟夫·普里斯特利最早发现氧气，他认为氧气是"植物发出的新鲜空气"。正因如此，我们才能够呼吸，具有生命力。然而，另一方面，氧气对于厌氧生物而言，却是致命的剧毒。27 亿年前出现的氧气对当时的生态系统究竟造成了怎样的影响呢？

光合作用出现之前的地球居民们

之所以认为没有氧气的地球环境极其严苛，是因为我们人类需要氧气。殊不知蓝藻出现以前的所有生物，都是被称作"兼性厌氧菌"的厌氧生物[注1]，一接触到氧气就会死亡或者无法活动。没有氧气的早期地球对它们来说是乐园。

接触氧气的物质的电子会被抢走，该过程被称为"氧化"。弃置的纸张会发黄，铁钉会生锈，都是被氧化的缘故。氧化对生物细胞也有很严重的影响。电子被夺走，导致细胞膜和遗传因子受到伤害，进而遭到破坏。

尽管地质学上没有留下很多证据，科学界普遍认为：氧气的产生引起了空前绝后的"大量死亡"。

逃离氧气大屠杀的生命

可是，厌氧生物在当时并没有完全灭绝。即使是现在，在泥沼、硫黄泉、动物体内、海底热泉这种缺乏氧气的环境中，也有无数的厌氧生物存在。据推测，远古时期的一部分厌氧生物逃到了缺氧的环境中才得以躲避灾祸。

在澳大利亚西部的皮尔巴拉铁矿，大片的黑色页岩层显露出来。这是远古时期的蓝藻尸骸沉积形成的富含有机物的地层，其中包含着约 25 亿年前形成的黄铁矿。这种黄铁矿正是硫酸盐还原菌（一种厌氧菌）在氧气到达不了的地方生存过的痕迹。它们在获取能量的同时会排出副产物硫化氢。黄铁矿便是硫化氢与海水中的铁元素进行化学反应后的产物。

利用氧气的"好氧生物"的出现

蓝藻让地球上充满了氧气，有的生物从氧气中逃离，而有的生物则选择了不同道路。它们就是克服了氧气毒性的"好氧生物"。

有一种说法认为好氧生物的祖先是蓝藻的前身，也就是光合作用细菌——厌氧氨氧化菌。它们的内

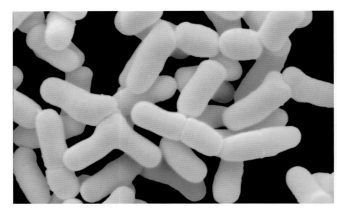

双歧杆菌（厌氧生物）
一种酸奶中富含的兼性厌氧菌。通常生活在缺乏氧气的动物肠道内。

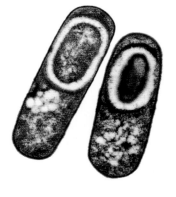

枯草杆菌（好氧生物）
分布在空气和土壤中，多见于枯草表面故得名。与我们生活比较密切的纳豆菌就是枯草杆菌的一种。

近距直击

厌氧菌制造的恐怖物质

自然界中能制造毒性最强的物质的生物不是毒蛇也不是昆虫，而是厌氧菌。据推测，肉毒杆菌生成的肉毒毒素，人体每千克体重的致死量为 0.001 毫克。这种毒素在第二次世界大战中被研究用于武器，但是现在被证实对肌肉松弛造成的脸部皱纹以及斜视有非常好的疗效，广泛应用于医疗领域。

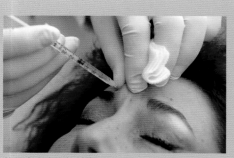

使用肉毒毒素的美容疗法

兼性厌氧菌的栖息地

如今即使在氧气充足的地球上，兼性厌氧菌也生存在各种各样的环境中。埃塞俄比亚的达洛尔火山的硫黄泉是一种呼吸硫酸盐生存的兼性厌氧细菌硫酸盐还原菌的绝佳栖息地。

科学笔记

氧气既有害也有益。

【厌氧生物】第158页注1
进行生命活动不需要氧气的生物的总称。绝大部分是细菌，大致分为接触氧气就灭绝的专性厌氧细菌和无所谓氧气有无的兼性厌氧生物两大种类。食物中毒的罪魁祸首大肠杆菌就是有代表性的专性厌氧生物。

【活性氧】第159页注2
指特别容易发生化学反应的氧元素。活性氧是呼吸氧气并产生能量过程中必定会生成的物质，它带有未成对电子，从其他物质夺取电子的能力比氧气更强。倘若体内产生过多的活性氧，即使是好氧生物也会损伤DNA和蛋白质，导致衰老。

【呼吸硝酸盐和硫酸盐】
第159页注3
所谓"呼吸并获取能量"是指通过呼吸而导入的物质接收体内生成的糖类所携带的电子。电子从一种物质转移到另外一种物质上时就会产生能量。这个时候使用氧气就是好氧呼吸，使用氧气之外的物质就叫作厌氧呼吸。氧气极易吸收电子，因此好氧呼吸比厌氧呼吸产能效率更高一些。

部有一套系统，可以制造出去除氧气所产生的毒素（活性氧注2）的酶和将氧化作用抑制起来的蛋白质。这其中有一种抗氧化酶"SOD"也存在于我们体内的线粒体和细胞质中，将活性氧变成过氧化氢。

此外，厌氧氨氧化菌的光合作用能力发生了变化，具有与光合作用相反的能力。也就是说，吸入氧气排出二氧化碳的"呼吸"功能。对于生命来说，呼吸氧气具有划时代意义。此前一部分厌氧生物呼吸硝酸盐和硫酸盐注3获取能量，但若使用氧气呼吸，产生能量的效率能够提高18倍之多。

生命通过利用氧气，在进化的过程中迈出了一大步。

 新闻聚焦

发现最古老的好氧生物的痕迹

2011年，加拿大阿尔伯塔大学发现了疑似24亿8000万年前的好氧生物的痕迹。关键的证据是当时海底岩石中的铬含量。被好氧生物氧化的黄铁矿会产生酸性物质，这些酸性物质溶解岩石生成了铬，24亿8000万年前急速增长。若这项发现准确无误的话，这块区域无疑是最古老的好氧生物的痕迹。

考察对象是瑞士圣莫里茨地区的河流

地球博物志

什么是极限环境？

极限环境是指超出了生物忍耐限度的生存条件，如海底热泉等高温环境、极地等低温环境、盐分浓度极高的盐湖、酸性或碱性较强的火山口或湖泊、有机溶剂（乙醇等）丰富的地下原油层、放射线交织的原子能反应堆等。嗜极生物就是指那些适应上述环境并定居下来的生物。

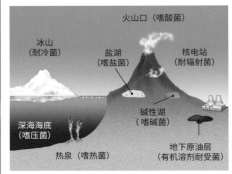

冰山（耐冷菌）　火山口（嗜酸菌）　盐湖（嗜盐菌）　核电站（耐辐射菌）　深海海底（嗜压菌）　碱性湖（嗜碱菌）　热泉（嗜热菌）　地下原油层（有机溶剂耐受菌）

嗜极生物

| *Extremophiles* |

表达生命本质的另类生物

20 亿年前的生命克服了氧气这个"毒物"实现了进化。即使在现代，也有生物能在那些我们觉得绝无生命存在可能的严苛环境中生存下来。它们以令人惊讶的生存方式告诉我们生命进化有多种可能性。

【超嗜热菌】

| *Methanopyrus Kandleri* |

这是在深海的热泉处发现的一种嗜热菌，也是目前得到确认的最耐高温的生物。一般的生物一旦到了 45 摄氏度以上的环境，氨基酸的结合会中断并且开始发生故障，但这种细菌会改变氨基酸的排列，增加结合部分来适应高温，在 122 摄氏度的环境中也能够繁殖。东京药科大学的研究团队还原了地球诞生伊始这种生物蛋白质的遗传因子，发现其具有耐热性，猜测它们可能是与嗜热菌类似的生物。

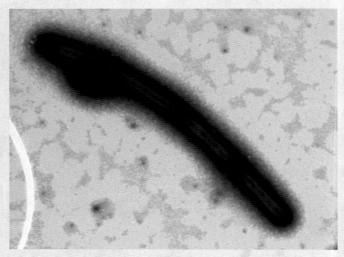

东太平洋海底隆起的热泉。由于深海中气压较高，海水即使在 300 摄氏度的高温下也不会蒸发而是喷射而出

数据	
生物分类	古细菌
发现年份/场所	1991年/加利福尼亚湾
生存区域	海底热泉

【极端嗜盐菌】

| *Halobacterium Salinarum* |

坦桑尼亚的纳特龙湖。一到旱季，盐分浓度会升高，带有红色色素的嗜盐菌就会大量繁殖

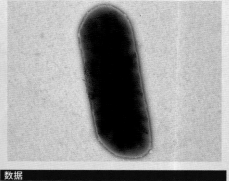

正如撒了盐的蛞蝓会缩水，一旦生物体外的盐分浓度达到极端的高度，在渗透压的作用下，生物会因体内的水分流失而死亡。对于普通细菌，其生存环境的盐分浓度若超过 10%，细菌就无法繁殖，但极端嗜盐菌细胞内的盐分浓度是海水的近 10 倍（海水的盐分浓度为 3%），甚至在饱和食盐水（0 摄氏度时盐分浓度为 26%）中它也是可以繁殖的。不过，在海洋或淡水等盐分浓度比较低的环境中，这种嗜盐菌反而会立即死亡。

数据	
生物分类	古细菌
发现年份/场所	1922年
生存区域	盐湖、盐田、岩石断层的盐层等

砷生物的发现引起全球热议

该细菌发现于美国加利福尼亚州的莫诺湖。莫诺湖盐分浓度很高，呈碱性，富含砷，湖岸石灰岩塔林立

2010年美国国家航空航天局宣布发现了DNA中存在剧毒砷元素的新型细菌"GFAJ-1"。报道一出，令全世界的生物化学家震惊。任何已知生物，其生命活动需要碳、氢、氮、氧、硫和磷。GFAJ-1用砷元素来代替磷元素，它的存在完全颠覆了人类对生命的认知。但在2012年，科学家们对实验结果进行了再次验证，发现GFAJ-1的DNA中其实是含有磷元素的。尽管它具有耐砷性，但依然是根据和其他已知生物相同的机制来进行生命活动的，这让很多生物化学家十分失望。

【嗜压菌】

| Moritella Yayanosii |

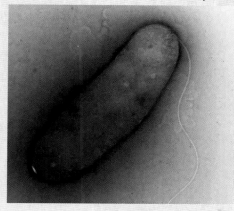

由日本"海沟号"深水探测器在世界最深处——马里亚纳海沟的"挑战者深渊"（深度10898米）发现。水深1万米的水压高达100兆帕，就像在指尖上放一辆普通汽车。这种细菌能在超高压环境下繁殖。其耐高压的原理至今是个未解之谜。

数据	
生物分类	真细菌
发现年份/场所	1996年/挑战者深渊
生存区域	马里亚纳海沟底部

【嗜酸菌】

| Picrophilus |

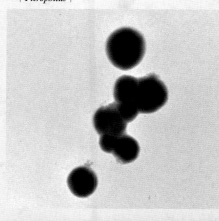

这种细菌的名字来自希腊语"酷爱酸性"。人类的胃酸（pH1～2）可以溶化金属，这种细菌却能在比人类胃酸更酸的环境中繁殖，是已知生物中最耐酸性的，这是因为氢离子（酸性）很难穿透其细胞膜。这种细菌一般生存在会喷出含有亚硫酸等气体的火山口。由于已经适应了酸性环境，这种细菌在对于很多生物而言比较舒适的中性环境中，细胞膜反而会遭到破坏。

数据	
生物分类	古细菌
发现年份/场所	1995年/北海道
生存区域	火山的喷发口等

【耐辐射菌】

| Deinococcus Radiodurans |

这种细菌是在使用γ射线（一种放射线）杀菌的罐头中发现的，被吉尼斯世界纪录认定为最耐辐射的细菌。这种细菌若遭受辐射，会产生大量的修复酶，所以能够抵抗人类致死辐射量1500倍以上的辐射。

数据	
生物分类	真细菌
发现年份/场所	1956年/美国俄勒冈州
生存区域	镭矿泉、原子能发电厂的冷却水等

原子能反应堆的冷却池。耐辐射菌在这样的场所也能够生存

文明与地球 发酵食品
我们身边利用嗜极生物制作的食物

公元前2000年左右的古埃及壁画上描绘着啤酒的酿造方法，可见人类自古以来就利用酵母菌、乳酸菌等微生物来制作发酵食品。豆瓣酱和酱油是用大豆和小麦发酵制成的，不过因为盐分太高，一般的微生物无法生存，因此需要依靠嗜极生物——嗜盐性的曲霉和耐盐性的酵母来进行发酵。

制作豆瓣酱的场景。豆瓣酱的美味之本——氨基酸是微生物分解大豆蛋白质后生成的

原始风貌尚存的海滨

鲨鱼湾

位于澳大利亚西澳大利亚州，1991 年被列入《世界遗产名录》。

澳大利亚西部鲨鱼湾的一处浅滩上覆盖着如今地球上极其稀少的蓝藻。蓝藻是最早制造氧气的微生物，它所形成的"活化石"密集地分布在浅滩上，令人联想起地球上刚出现氧气的年代。

鲨鱼湾丰富的自然资源

祖多朴自然保护区的断崖

鲨鱼湾的南部有一处高约 170～300 米的断崖，犹如陆地被突然切断掉进海里一般。

鲸鲨

海湾中生活着鲸鲨，当地的地名便由来于此。鲸鲨体格庞大，是世界上最大的鱼类，最长可以达到 20 米。

贝壳海滩

贝壳海滩由纯白的双壳贝类历经数千年堆积而成，绵延数千米。这附近还有全部由贝壳形成的贝壳地层。

从远古时代繁衍至今的蓝藻

蓝藻的化石随处可见，不过现在
地球上大规模生存着蓝藻的唯有
鲨鱼湾。这里的海岸线错综复杂，
不仅海水流动性差，海水的温度
和盐分浓度也稍高。蓝藻没有天
敌，故而一直繁衍至今。

横穿北美大陆的『候鸟』

黑脉金斑蝶之谜

黑脉金斑蝶会飞行 3000 千米前往越冬地。成群蝴蝶从各地汇集，不顾生命危险进行迁徙。它们为什么反复踏上旅途，又为什么都能找到归处？

夏末时节，在美国和加拿大边境线上的安大略湖湖畔，黑脉金斑蝶从这片土地上诞生，在花丛中吸食花蜜。然而在某个时间点，它感知到白天即将变短，便会踏上前往南方的旅途。

黑脉金斑蝶在赶赴南方的途中，犹如有一条人类肉眼看不见的路线。途径加拿大和美国的其他地区时，也会有伙伴加入进来。这一类英文名为"帝王"的蝴蝶，蝴蝶群大到雷达都可以探测到，它们乘着气流像滑翔机一般掠过天空，赶赴南方。当遇到很大的湖泊时，会在湖畔等待时机，直到刮起顺风为止。

它们真得知晓要前往哪里吗？

世间不可思议的墨西哥森林景观

10 月末，旅途中的黑脉金斑蝶飞到了得克萨斯州附近。它们时不时采蜜吃，夜晚睡在树荫里，如果遭遇暴风雨，会有成千上万的小伙伴被猛烈敲打落地而死。

它们 1 天的平均飞行路程为 80 千米，南下途中在大约 40 多处地方歇脚。11 月，幸存的黑脉金斑蝶陆续到达黑脉金斑蝶种群世代过冬的地方——墨西哥米却肯州和相邻的墨西哥州海拔 3000 米的森林中。数量据说达到几亿只。

"今年它们也安全地回家了。"

当地的人们欣喜地望着橙色的蝶群。对于"为什么会迁徙"这个问题，答案是"自古以来，死者的灵魂会变成蝴蝶来相会"。总而言之，反复踏上如此漫长旅途的蝶类怕是只有黑脉金斑蝶了。

在气温较低的早晚，为了维持体温，它们栖身于冷杉和柏树上。1 棵树上会有数十万只。树木被蝴蝶覆盖的景色堪称奇观。太阳升起，气温回升，它们便一起飞离，去水洼中喝水。在越冬期间，大多数蝶只喝水，用旅途中积蓄的花蜜来维持生命。

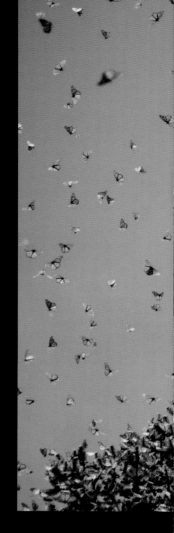

冬季过去，春天的气息飘荡，它们开始交配。雄蝶完成自己的使命就会死去。而飞向北方的雌蝶若发现可供幼虫食用的马利筋花，就会在上面产卵。雌蝶的生命也就终结了。它们的后代会飞到祖辈生活的北美，在这片千辛万苦到达的地方从 6 月份至夏末繁殖，接下来和上一年相似的情景会再次上演。

让人兴味盎然的是，南下的时候 1 只蝴蝶历经长途跋涉，由于产卵和羽化不断反复进行，所以北上时，可能是 3 代蝴蝶一起跌跌撞撞到达目的地。

吸食马利筋花蜜的黑脉金斑蝶。雌性斑蝶在叶片背面产卵

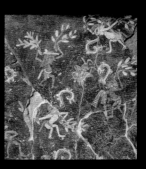
墨西哥特奥蒂华坎遗址的壁画。自古以来蝴蝶就为人们所熟知

它们密集群聚是为了防止体温流失，以抵御越冬地早晚的寒冷

1只蝴蝶展翅的宽度为9.5厘米。在跨越国境长途跋涉的最后时刻，庞大蝶群飞来的情景是最出彩的

南下过冬的蝴蝶寿命在6～7个月左右，而北上的蝴蝶寿命在1～2个月左右。

此外，曾发生过一件不可思议的事情。2002年墨西哥的越冬地持续发生暴风雨，有七八成的黑脉金斑蝶都死了。然而，第二年南下的蝴蝶的数量比上一年增加了30%。或许在危机面前，它们的繁殖能力会变得更强吧！

它们体内有罗盘吗？移动地图在何处？

尽管如此，为什么每只黑脉金斑蝶每年能够往返于同一片森林中的同一棵树呢？与候鸟的迁徙、鲑鱼的洄游不同，蝴蝶是世代交替着踏上旅途的。究竟是什么指引着它们？它们又是带有怎样的目的进行长途跋涉的呢？

不少科学家在研究，而我们只获得了极少量的信息。

黑脉金斑蝶之所以聚集在同一棵树上，是因为父代为子代在树木和地面上留下了一层黏糊糊的膜作为记号。

要说它们为什么大规模移动，原因之一是为了不让它们的食物——马利筋花被吃光。黑脉金斑蝶的幼虫只吃马利筋花，这种植物的有毒成分进入蝴蝶体内，可以帮助蝴蝶抵御天敌。

有一种假说认为，蝴蝶的祖先在约2亿年前出现。当时大陆的形状和现在不同，后来发生的大陆板块漂移让蝴蝶的越冬地越来越远。这一思路很独特。

可是，为什么它们还是不会弄错飞行路线呢？众说纷纭。

有人认为黑脉金斑蝶就像信鸽，体内有罗盘。有人认为它们的卵子中有移动地图，并且会被继承下来。还有人认为只要追随绿色地带南下，就会到达最适宜过冬的土地……

2008年，墨西哥的越冬地作为"黑脉金斑蝶生态保护区"被列入《世界遗产名录》，但由于非法的森林砍伐和滥用农药导致马利筋花不断减少，"帝王之蝶"的数量也在急剧减少。倘若它们灭绝的话，也就意味着一种睿智的消失吧！

长知识！
地球史
问答

Q 地球磁场在逐年减弱吗？

A 在过去 100 多年的时间里，人们通过观测得知地球磁场减弱了近 5%。照此速度，2000 年后地球磁场就会消失殆尽。至于磁场消失的时候会发生什么，人们各有猜测：太阳风会直接袭击地表、水中生物以外的生命体会深受打击、大气被太阳风夺走、紫外线等有害物质纷至沓来。不过，也有人认为，大气圈上层的电离层将起到第二层屏障的作用，因此太阳风并不会到达地表。

Q 需要多少植物才足够供给 1 个人的呼吸？

A 1 个成人安静时的呼吸量约为 1 分钟 8 摩尔※，约消耗 18000 微摩尔的氧气。那么，植物 1 分钟会释放多少氧气呢？光合作用的速度由植物的种类和环境决定。据推测，光合作用速度比较快的玉米、甘蔗、百慕大牧草等，在最适宜的环境中进行光合作用，1 平方米面积的绿叶在 1 分钟之内能够产生 2100 微摩尔的氧气。也就是说，生成 1 个静坐的成人所需的氧气，需要大约 9 平方米的绿叶。如果在夜间或阴天等光合作用较弱的环境中，则需要成倍的绿叶。因此，一般认为，要提供 1 个人呼吸所需的氧气，1 棵树是远远不够的。

※ 摩尔：表示物质的量的单位。1 摩尔 =10^6 微摩尔。

Q 为什么有能被磁铁吸住的东西也有不能被磁铁吸住的东西？

A 自然界既有可以被磁铁吸住的铁和镍等金属，也有铝和铜等不能被磁铁吸住的金属，其原因在于物质的原子结构不同。118 种被确认了的元素之间的不同之处在于围绕在原子核周围的电子的数量，例如氢原子，原子核周围只有一个电子围绕。电子围绕原子核和电流围绕线圈流动是相同的原理，都会产生磁力。处于单体状态下的原子，大部分都带磁性。

然而，单体状态的原子不稳定，具有与其他原子相结合的性质。氢原子与另一个氢原子结合，构成氢分子。两个相结合的原子，其所携电子分别朝相反的轨道旋转，因此磁性就会相互抵消。铝、铜等金属不能吸附于磁铁是同一个原理。但是铁原子和镍原子的情况不同，它们的电子轨道中有特殊的东西起到保护磁力的作用，即使变成化合物或结晶之后都不会失去磁力。

1 日元硬币的材质是铝，5 日元硬币的材质是黄铜，10 日元硬币的材质是青铜，它们都不会被磁铁吸附住。50 日元和 100 日元硬币的材质是白铜（铜镍合金），500 日元硬币的材质是白铜（铜镍合金），尽管含有可以吸附于磁铁的镍，但因为含量太少，所以一般不能被磁铁所吸住

Q 太阳能发电和光合作用的原理有何不同？

A 太阳能发电和光合作用都是将光能转换为化学能，两者在释放电子这一点上是毫无二致的，但是释放电子的原理不同。先看光合作用，一旦有阳光照射，光系统 II 会活跃起来，将植物原本具有的电子释放到外部，一旦丧失了电子，便会通过分解水获得电子，补充上去，从而得以持续释放电子。再看太阳能发电，太阳能电池板的硅原子受到阳光照射释放电子，电子流动成为电流，点亮电灯、启动电器等，此后完成使命的电子会返回电池板并再次被利用。太阳能发电的系统中，电子是持续循环的。顺便一提，植物分解水提取电子的原理是光合作用遗留下来的终极谜题。此外，利用二氧化碳人工合成糖和淀粉尚无法做到。

太阳能发电的发电量与光的强度是成正比的，然而从某种程度上来说，光合作用的效率是恒定的，跟光照强度无关，这一点上两者不同

　　这套书一言以蔽之就是"大"：开本大，拿在手里翻阅非常舒适；规模大，有 50 个循序渐进的专题，市面罕见；团队大，由数十位日本专家倾力编写，又有国内专家精心审定；容量大，无论是知识讲解还是图片组配，都呈海量倾注。更重要的是，它展现出的是一种开阔的大格局、大视野，能够打通过去、现在与未来，培养起孩子们对天地万物等量齐观的心胸。

　　面对这样卷帙浩繁的大型科普读物，读者也许一开始会望而生畏，但是如果打开它，读进去，就会发现它的亲切可爱之处。其中的一个个小版块饶有趣味，像《原理揭秘》对环境与生物形态的细致图解，《世界遗产长廊》展现的地球之美，《地球之谜》为读者留出的思考空间，《长知识！地球史问答》中偏重趣味性的小问答，都缓解了全书讲述漫长地球史的厚重感，增加了亲切的临场感，也能让读者感受到，自己不仅是被动的知识接受者，更可能成为知识的主动探索者。

　　在 46 亿年的地球史中，人类显得非常渺小，但是人类能够探索、认知到地球的演变历程，这就是超越其他生物的伟大了。

——清华大学附属中学校长

　　纵观整个人类发展史，科技创新始终是推动一个国家、一个民族不断向前发展的强大力量。中国是具有世界影响力的大国，正处在迈向科技强国的伟大历史征程当中，青少年作为科技创新的有生力量，其科学文化素养直接影响到祖国未来的发展方向，而科普类图书则是向他们传播科学知识、启蒙科学思想的一个重要渠道。

　　"46 亿年的奇迹：地球简史"丛书作为一套地球百科全书，涵盖了物理、化学、历史、生物等多个方面，图文并茂地讲述了宇宙大爆炸至今的地球演变全过程，通俗易懂，趣味十足，不仅有助于拓展广大青少年的视野，完善他们的思维模式，培养他们浓厚的科研兴趣，还有助于养成他们面对自然时的那颗敬畏之心，对他们的未来发展有积极的引导作用，是一套不可多得的科普通识读物。

——河北衡水中学校长

"46亿年的奇迹：地球简史"值得推荐给我国的少年儿童广泛阅读。近20年来，日本几乎一年出现一位诺贝尔奖获得者，引起世界各国的关注。人们发现，日本极其重视青少年科普教育，引导学生广泛阅读，培养思维习惯，激发兴趣。这是一套由日本科学家倾力编写的地球百科全书，使用了海量珍贵的精美图片，并加入了简明的故事性文字，循序渐进地呈现了地球46亿年的演变史。把科学严谨的知识学习植入一个个恰到好处的美妙场景中，是日本高水平科普读物的一大特点，这在这套丛书中体现得尤为鲜明。它能让学生从小对科学产生浓厚的兴趣，并养成探究问题的习惯，也能让青少年对我们赖以生存、生活的地球形成科学的认知。我国目前还没有如此系统性的地球史科普读物，人民文学出版社和上海九久读书人联合引进这套书，并邀请南京古生物博物馆馆长冯伟民先生及其团队审稿，借鉴日本已有的科学成果，是一种值得提倡的"拿来主义"。

——华中师范大学第一附属中学校长

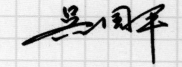

　　青少年正处于想象力和认知力发展的重要阶段，具有极其旺盛的求知欲，对宇宙星球、自然万物、人类起源等都有一种天生的好奇心。市面上关于这方面的读物虽然很多，但在内容的系统性、完整性和科学性等方面往往做得不够。"46亿年的奇迹：地球简史"这套丛书图文并茂地详细讲述了宇宙大爆炸至今地球演变的全过程，系统展现了地球46亿年波澜壮阔的历史，可以充分满足孩子们强烈的求知欲。这套丛书值得公共图书馆、学校图书馆乃至普通家庭收藏。相信这一套独特的丛书可以对加强科普教育、夯实和提升我国青少年的科学人文素养起到积极作用。

——浙江省镇海中学校长

人类文明发展的历程总是闪耀着科学的光芒。科学，无时无刻不在影响并改变着我们的生活，而科学精神也成为"中国学生发展核心素养"之一。因此，在科学的世界里，满足孩子们强烈的求知欲望，引导他们的好奇心，进而培养他们的思维能力和探究意识，是十分必要的。

　　摆在大家眼前的是一套关于地球的百科全书。在书中，几十位知名科学家从物理、化学、历史、生物、地质等多个学科出发，向孩子们详细讲述了宇宙大爆炸至今地球46亿年波澜壮阔的历史，为孩子们解密科学谜题、介绍专业研究新成果，同时，海量珍贵精美的图片，将知识与美学完美结合。阅读本书，孩子们不仅可以轻松爱上科学，还能激活无穷的想象力。

　　总之，这是一套通俗易懂、妙趣横生、引人入胜而又让人受益无穷的科普通识读物。

——东北育才学校校长

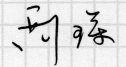

　　读"46亿年的奇迹：地球简史"，知天下古往今来之科学脉络，激我拥抱世界之热情，养我求索之精神，蓄创新未来之智勇，成国家之栋梁。

——南京师范大学附属中学校长

　　我们从哪里来？我们是谁？我们要到哪里去？遥望宇宙深处，走向星辰大海，聆听150个故事，追寻46亿年的演变历程。带着好奇心，开始一段不可思议的探索之旅，重新思考人与自然、宇宙的关系，再次体悟人类的渺小与伟大。就像作家特德·姜所言："我所有的欲望和沉思，都是这个宇宙缓缓呼出的气流。"

——成都七中校长

看到这套丛书的高清照片时，我内心激动不已，思绪倏然回到了小学课堂。那时老师一手拿着篮球，一手举着排球，比画着地球和月球的运转规律。当时的我费力地想象神秘的宇宙，思考地球悬浮其中，为何地球上的江河海水不会倾泻而空？那时的小脑瓜虽然困惑，却能想及宇宙，但因为想不明白，竟不了了之，最后更不知从何时起，还停止了对宇宙的遐想，现在想来，仍是惋惜。我认为，孩子们在脑洞大开、想象力丰富的关键时期，他们应当得到睿智头脑的引领，让天赋尽启。这套丛书，由日本知名科学家撰写，将地球46亿年的壮阔历史铺展开来，极大地拉伸了时空维度。对于爱幻想的孩子来说，阅读这套丛书将是一次提升思维、拓宽视野的绝佳机会。

——广州市执信中学校长

　　这是一套可作典藏的丛书：不是小说，却比小说更传奇；不是戏剧，却比戏剧更恢宏；不是诗歌，却有着任何诗歌都无法与之比拟的动人深情。它不仅仅是一套科普读物，还是一部创世史诗，以神奇的画面和精确的语言，直观地介绍了地球数十亿年以来所经过的轨迹。读者自始至终在体验大自然的奇迹，思索着陆地、海洋、森林、湖泊孕育生命的历程。推荐大家慢慢读来，应和着地球这个独一无二的蓝色星球所展现的历史，寻找自己与无数生命共享的时空家园与精神归属。

——复旦大学附属中学校长

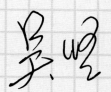

地球是怎样诞生的，我们想过吗？如果我们调查物理系、地理系、天体物理系毕业的大学生，有多少人关心过这个问题？有多少人猜想过可能的答案？这种猜想和假说是怎样形成的？这一假说本质上是一种怎样的模型？这种模型是怎么建构起来的？证据是什么？是否存在其他的假说与模型？它们的证据是什么？哪种模型更可靠、更合理？不合理处是否可以修正、如何修正？用这种观念解释世界可以为我们带来哪些新的视角？月球有哪些资源可以开发？作为一个物理专业毕业、从事物理教育30年的老师，我被这套丛书深深吸引，一口气读完了3本样书。

学会用上面这种思维方式来认识世界与解释世界，是科学对我们的基本要求，也是科学教育的重要任务。然而，过于功利的各种应试训练却扭曲了我们的思考。坚持自己的独立思考，不人云亦云，是每个普通公民必须具备的科学素养。

从地球是如何形成的这一个点进行深入的思考，是一种令人痴迷的科学训练。当你读完全套书，经历150个节点训练，你已经可以形成科学思考的习惯，自觉地用模型、路径、证据、论证等术语思考世界，这样你就能成为一个会思考、爱思考的公民，而不会是一粒有知识无智慧的沙子！不论今后是否从事科学研究，作为一个公民，在接受过这样的学术熏陶后，你将更有可能打牢自己安身立命的科学基石！

——上海市曹杨第二中学校长

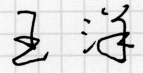

强烈推荐"46亿年的奇迹：地球简史"丛书！

本套丛书跨越地球46亿年浩瀚时空，带领学习者进入神奇的、充满未知和想象的探索胜境，在宏大辽阔的自然演化史实中追根溯源。丛书内容既涵盖物理、化学、历史、生物、地质、天文等学科知识的发生、发展历程，又蕴含人类研究地球历史的基本方法、思维逻辑和假设推演。众多地球之谜、宇宙之谜的原理揭秘，刷新了我们对生命、自然和科学的理解，会让我们深刻地感受到历史的瞬息与永恒、人类的渺小与伟大。

——上海市七宝中学校长

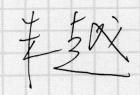

著作权合同登记号 图字01-2019-4552 01-2019-4551 01-2019-4553 01-2019-4555 01-2019-5029

图书在版编目（CIP）数据

冥古宙. 太古宙 / 日本朝日新闻出版著；曹艺, 牛
莹莹, 苏萍译. -- 北京：人民文学出版社, 2020
（46亿年的奇迹：地球简史）
ISBN 978-7-02-016098-3

Ⅰ. ①冥… Ⅱ. ①日… ②曹… ③牛… ④苏… Ⅲ.
①太古宙—普及读物 Ⅳ. ①P534.1-49

中国版本图书馆CIP数据核字(2020)第026557号

总 策 划　黄育海
责任编辑　甘　慧　胡晓明　王晓星　何王慧
装帧设计　汪佳诗　钱　珺　李　佳　李苗苗

出版发行　人民文学出版社
社　　址　北京市朝内大街166号
邮政编码　100705
网　　址　http://www.rw-cn.com

印　　制　上海利丰雅高印刷有限公司
经　　销　全国新华书店等

字　　数　292千字
开　　本　965×1270毫米　1/16
印　　张　11.25
版　　次　2020年9月北京第1版
印　　次　2020年9月第1次印刷

书　　号　978-7-02-016098-3
定　　价　118.00元

如有印装质量问题, 请与本社图书销售中心调换。电话:010-65233595